示范性职业教育重点规划教材

室内家装设计实践教程

主 编　徐　凡　吴耕德　张　亮

西南交通大学出版社

·成　都·

图书在版编目（ＣＩＰ）数据

室内家装设计实践教程／徐凡，吴耕德，张亮主编.
—成都：西南交通大学出版社，2016.11（2021.6 重印）
示范性职业教育重点规划教材
ISBN 978-7-5643-5146-5

Ⅰ．①室… Ⅱ．①徐… ②吴… ③张… Ⅲ．①室内装
饰设计－高等职业教育－教材 Ⅳ．①TU238

中国版本图书馆 CIP 数据核字（2016）第 287105 号

示范性职业教育重点规划教材

室内家装设计实践教程	主编	徐　凡	责任编辑	牛　君
		吴耕德	助理编辑	李秀梅
		张　亮	封面设计	何东琳设计工作室

印张　7.5　　**字数**　183千	**出版 发行**　西南交通大学出版社
成品尺寸　185 mm × 260 mm	**网址**　http://www.xnjdcbs.com
版次　2016年11月第1版	**地址**　四川省成都市金牛区二环路北一段111号 西南交通大学创新大厦21楼
印次　2021年6月第3次	**邮政编码**　610031
印刷　四川森林印务有限责任公司	**发行部电话**　028-87600564　028-87600533
书号： ISBN 978-7-5643-5146-5	**定价：** 20.00元

贵阳职业技术学院教材编写委员会名单

前　言

　　近年来，我国房地产行业持续高温，据中国建筑装饰行业调查数据显示，到 2015 年，设计师总数达到 120 万人，其中，中、高级设计师 12 万人，高级设计师 1 万人。统计资料显示，全国室内装饰行业总产值已超过 2 万亿元，注册的装饰企业 80 多万家，从业人员 3 000 多万，室内设计师人才需求缺口 40 万人。贵阳职业技术学院室内设计专业开设于 2008 年，为地方培养了一大批高素质的室内设计人才。在我院组织的对毕业生就业情况的跟踪调查中，我们发现按照传统的单学科制教学模式培养出来的毕业生因为各学科之间没有联系，在进入工作岗位后往往需要重新进行培训，把知识打散并重新组合在一起，花费了企业大量的人力物力，导致我们的毕业生就业竞争力不强。为了解决这一问题，通过对用人单位大量的走访及对自身课程设置的深挖剖析，我们决定抓住学院跨越式发展及重点专业建设这一契机，对室内设计专业进行课程改革，以达到提升教学质量，和社会、用人单位接轨，增加学生的就业竞争及创业能力等目的。

　　2011—2013 年，我院该专业申请了省、市、院级研究课题，针对室内设计专业项目制课程教学法进行研究。历时两年，查阅了大量的教学资料，走访了贵州省内知名装饰企业，联系已毕业学生进行问卷调查，经过专业教师及企业专家们反复论证，制订了项目制课程改革的基本框架，其中包括教学计划、人才培养方案、教学大纲等文件，为教学改革奠定了理论基础。

　　2013 年，我院正式进入室内设计课程改革教学阶段，将经过反复推敲的教学计划运用起来于教学。室内设计技术专业项目制课程改革简单地来讲，就是将传统的学科教学全部打散并分为两个部分。一部分为大类专业基础课，包括室内设计所需要的美术基础、设计基础及软件基础的教学；另一部分为核心的项目制课程。经过市场调研，我们将室内装饰设计公司真实的项目集中总结为四个项目。在这四个项目中，将企业的实际工作流程通过整体梳理、整理，在课堂上真实还原企业的工作内容。并将枯燥的理论打散、重组，融入不同的实践项目中，使学生的学习兴趣大增，提升了教学质量，强化了以过程教学、实践教学的教学方法。同时，注重培养学生的学习过程和动手能力，使人才培养凸显实践能力，更加贴合职业技术学院的办学宗旨。

本书的编写历时五年，在编写过程中，作者参考了近年来的最新文献资料，力求做到层次清楚，语言简洁流畅，内容丰富，既便于读者循序渐进地系统学习，又能使读者真实了解到室内设计技术专业行业的发展。希望本书对读者学习和提升室内设计技术有一定的帮助。

本书项目一由张亮执笔完成，项目二由徐凡执笔完成，项目三、四由吴耕德执笔完成，全书由徐凡统稿。

本书在编写过程中得到了杨黎明教授的关心与帮助，同时也得到了彭再兴主任、田楠副主任、李明龙副主任、陈桂莲副主任的多方帮助，得到了贵阳职业技术学院的大力支持，在此谨表示衷心的感谢。

限于编者水平所限，书中不妥之处在所难免，敬请读者批评指正。

编　者

2016 年 5 月

目　录

项目一 一室一厅单元制住宅设计

刚刚大学毕业两年的小王去年在贵阳市某楼盘购置了一套一室一厅的住宅商品房，现已交房。与女朋友小李准备结婚，遂急着对新房进行装修。通过接洽，了解到小王的新房位于贵阳市二环以内×小区×栋×楼，是一套建筑面积为 40.2 m^2，房子原建高度为 2.7 m 的一室一厅毛坯房。小王计划花 3 万元把它装成一套简约风格的住宅，能满足最基本的生活就行。小俩口计划用该房过渡 3~5 年后重新在公司附近再买一套 100 m^2 左右的房子。

一、项目要求

（一）户型情况介绍

本户型是一套建筑面积为 40.2 m^2，净高度为 2.7 m 的一室一厅户型，该房主要使用人数为 2 人。客户要求要有能满足最基本生活的生活设施，既清爽简单又美观实用。该房是住 3~5 年的过渡房。

附原始户型图（见图 1-1）

（二）具体要求

（1）时间要求：预计工期 30 天。

（2）质量要求：符合中国室内装饰工程质量规范。

（3）环保要求：达到国家绿色环保质检要求。

（4）预算成本要求：3 万元人民币。

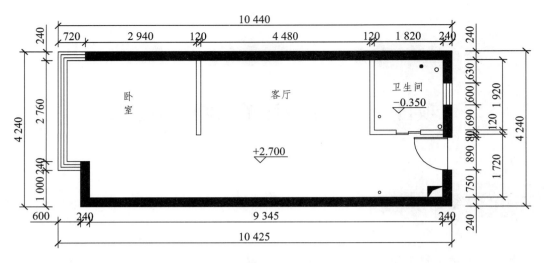

图 1-1　原始户型图

二、项目分析

（一）风格分析

室内设计风格大致可分为 6 种：现代简约风格、中式风格、欧式风格、地中海风格、田园风格、混搭风格。本项目主要是运用室内设计风格中的现代简约风格来进行项目式教学。

现代简约风格的具体特征分析：

1. 简约主义的起源

简约主义起源于 20 世纪初期的西方现代主义，欧洲现代主义建筑大师米斯·凡德·洛（Mies Vander Rohe）的名言"少即是多"，被认为代表了简约主义的核心思想。简约主义风格的特色是将设计的元素、色彩、照明、原材料简化到最少的程度，但对色彩、材料的质感要求很高。因此，简约的空间设计通常非常含蓄，往往能达到以少胜多、以简胜繁的效果。

2. 现代简约风格室内设计特点

风格特点：室内墙面、地面、顶棚以及家具陈设乃至灯具器皿等均以简洁的造型、纯洁的质地、精细的工艺为其特征。

家具特点：强调功能性设计，线条简约流畅，色彩对比强烈；大量使用钢化玻璃、不锈钢等新型材料作为辅材；同时需要完美的软装配合，才能显示出美感。

饰品特点：一些线条简单、设计独特，甚至是极富创意和个性的饰品都可以成为现代简约风格家装中的一员。

装饰要素：金属灯罩、玻璃灯＋高纯度色彩＋线条简洁的家具、到位的软装。

金属是工业化社会的产物，也是体现简约风格最有力的手段。各种不同造型的金属灯，都是现代简约派的代表产品。

空间简约，色彩就要跳跃出来。苹果绿、深蓝、大红、纯黄等高纯度色彩大量运用，大胆而灵活，不单是对简约风格的遵循，也是个性的展示。

强调功能性设计，线条简约流畅，色彩对比强烈，这是现代风格家具的特点。此外，大量使用钢化玻璃、不锈钢等新型材料作为辅材，也是现代风格家具的常见装饰手法，能给人带来前卫、不受拘束的感觉。由于线条简单、装饰元素少，现代风格家具需要完美的软装配合，才能显示出美感。例如沙发需要靠垫、餐桌需要餐桌布、床需要窗帘和床单陪衬。软装到位是现代风格家具装饰的关键。

（二）设计分析

1. 户型特点分析

本户型为一室一厅户型，包括一个卧室、一个客厅、一个小卫生间、一个飘窗。它兼顾了实用性和功能性，在满足日常生活空间的基础上，可合理地安排多种功能活动，包括起居、娱乐、会客、交友、储藏、学习等。

2. 户型设计要点分析

（1）本户型空间面积相对来说比较狭小，既要满足生活起居、会客、储藏、学习等多种生活需求，又要使室内不产生杂乱感，同时还要留出足够的空间便于主人展示自己的个性，这就需要对其进行合理安排，充分利用空间。

（2）空间布局上，根据空间所容纳的活动特征，采用灵活的空间布局进行分类处理。即利用不同的材质、造型、色彩以及家具区分空间，尽量避免绝对的空间划分。同时，还可以加大采光量或使用具有通透性或玻璃材质的家具和隔断等，利用采光来扩充空间感，将空间变得明亮开阔。配色上应采用明度较高的色系，最好以柔和亮丽的色彩为主色调，避免造成视觉上的压迫感，使空间显得宽敞。

（3）在家具选择上要注意实用，只要达到基本的功能尺寸要求即可，即尺寸可以小巧一点。应选择占地面积小、收纳容量高的家具，或选用可随意组合、拆装、折叠的家具，这样既可以容纳大量物品，又不会占用过多的室内面积，为有限空间内的活动留下更多的余地。

基于上述对客户和户型的分析，在满足功能的同时，设计风格确定选择现代简约风格。

项目理论链接 1：设计风格与流派

风格即风度品格，室内设计风格大致可分为 6 种：现代简约风格、中式风格、欧式风格、地中海风格、田园风格、混搭风格。

三、项目路径和步骤

（一）项目路径（见图 1-2）

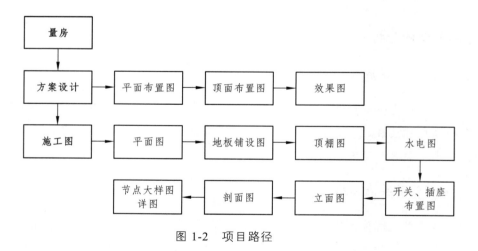

图 1-2　项目路径

（二）项目步骤

第一步：量房

房屋内进行实地测量，对各个房间的长、宽、高以及门、窗、暖气的位置进行逐一测量，但要注意房屋的现况是对报价有影响的。同时，量房过程也是和业主进行现场沟通的过程，设计师可根据实地情况提出一些合理化建议，通过与业主进行沟通，为以后设计方案的完整性做补充。

1. 工具/原料[卷尺、靠尺、相机、纸、笔（最好两种颜色）、粉笔（用于实地标注墙壁）]

（1）所有的测量都依靠卷尺，测量范围包括各个房间墙地面长宽高、墙体及梁的厚度、门窗高度及距墙高度等。所以一定要带足够长度的卷尺，一般在5米以上。

（2）要有打印出来的平面户型图，这样能更清晰明确。如果没有，就需要现场手绘了；户型图最好多带一份，以备用。

2. 测量方法

（1）一般从入户门一边开始测量，转一圈，最后回到入户门另一边。

（2）在用卷尺测量具体一个房间的长度、高度时，长度要紧贴地面测量，高度要紧贴墙体拐角处测量。

（3）所有的尺寸都分段，就像我们学过的几何一样分割成若干个，测量之后数据随时记录（如一面墙中间有窗户，先量墙角到窗户的距离，再量窗户的宽度，再量窗户到另一边墙角的距离）。

（4）窗户要把"离地高"以及"高度"标出来，飘窗还要记录其深度。

（5）柱子、门洞等的处理方式跟窗户一样，也用数据分开，这样平面图出来后就能知道具体位置。

（6）卫生间的测量要把马桶下水、地漏、面盆下水的位置在平面图中标注出来。马桶中心距墙的距离，这牵扯到买马桶的坑距问题；还有就是梁的位置。

（7）没有特殊情况，层高基本是一定的，找两个地方量一下层高取平均值就可以了。

（8）量完复印两份，以备不测。

（9）量房前记得索要房屋建筑水电图以及建筑结构图，还要了解房屋所在小区物业对房屋装修的具体规定。例如在水电改造方面的具体要求，房屋外立面可否拆改，阳台窗能否封闭等，以避免装修后期不必要的麻烦。

第二步：方案设计

1．绘制平面布置图（见图1-3至图1-6）

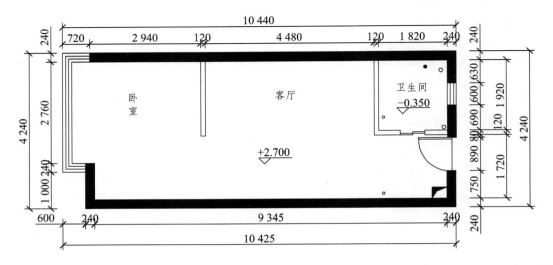

图 1-3　原始结构图（单位：mm）

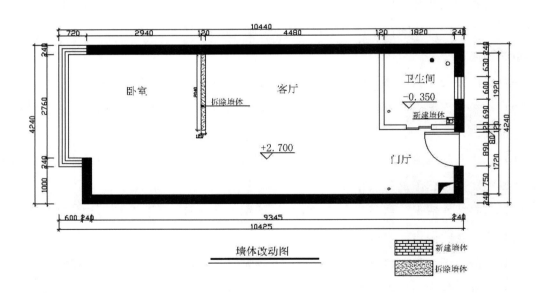

墙体改动图

新建墙体
拆除墙体

图 1-4　墙体改动图（单位：mm）

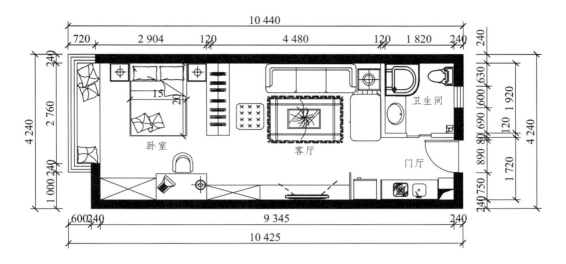

● 图中家具尺寸为建议客户选购尺寸

图 1-5 平面布置图（单位：mm）

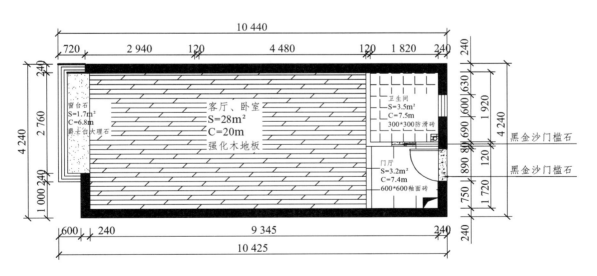

图 1-6 地面铺贴图（单位：mm）

项目一 一室一厅单元制住宅设计

项目理论链接 2：绘图工具认识

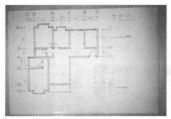
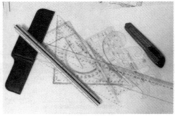

画板　　　　　　　　　尺子及工具　　　　　　勾线笔、彩色铅笔、马克笔

图 1-7　常用绘图工具

项目理论链接 3：常用绘图图纸规格及比例计算方法

常用绘图图纸规格　　　　　　　　　　　　　　　　单位：mm

尺寸代号 \\ 幅面代号	A0	A1	A2	A3	A4
b×1	841×1189	594×841	420×594	297×420	210×297
c	10			5	
a	25				

比例计算方法

常用比例	1：1、1：2、1：5、1：10、1：20、1：100、1：200、1：500、1：1 000、1：2 000、1：5 000
可用比例	1：3、1：15、1：25、1：30、1：40、1：60、1：150、1：250、1：300、1：400、1：600、1：1 500、1：2 500

　　比例尺是表示图上距离比实际距离缩小的程度，也叫缩尺，用公式表示为：

$$比例尺 = \frac{图上距离}{实际距离}$$

项目理论链接 4：制图线型

制图线型

线宽比	线宽组					
b	2.00	1.40	1.00	0.70	0.5	0.4
0.5b	1.00	0.70	0.50	0.35	0.3	0.2
0.25b	0.50	0.35	0.25	0.18		

2. 绘制顶面布置图（见图 1-8）

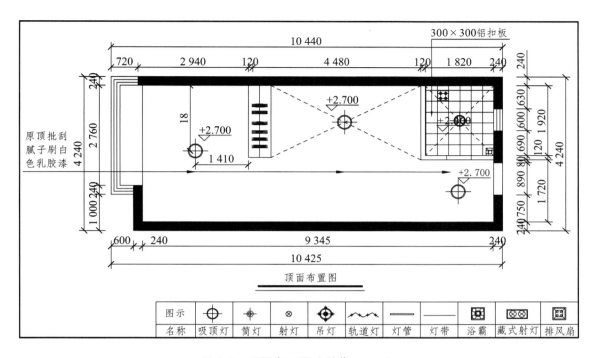

图 1-8　顶面布置图（单位：mm）

项目理论链接 5：尺寸标注方法

尺寸标注的深度设置：工程图样的设计制图应在不同阶段和不同比例绘制时，对尺寸标注的详细程度做出不同的要求。这里我们主要依据建筑制图标准中的"三道尺寸"进行标注，主要包括外墙门窗洞口尺寸、轴线间尺寸、建筑外包总尺寸（见图 1-9）。

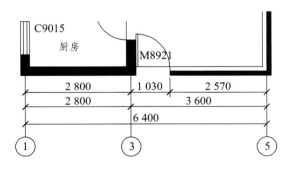

图 1-9　尺寸标注方法

表 1　住宅室内各房间照度标准

照度（lx）　　房间	房间照度＝房间内总的光通量/房间面积，由该公式求得房间内总的光通量，再参考白炽灯或荧光灯管的规格列表，即可合理安排房间灯具		
起居室、客厅	一般照明 30～75	会客、团聚 150～300	读书、化妆、电话 300～750　手工艺 750～2 000
书　房	一般照明 50～100		学习、读书 500～1 000
儿童活动室	一般照明 75～150	游戏 150～300	学习、读书 500～1 000
厨房、餐厅	一般照明 50～100		烹调、进餐 200～500
卧　室	深夜 1～2	一般照明 10～30	读书、化妆 300～750
工作室	一般照明 7～150	洗涤 150～300	工作 300～750，手工艺 750～2 000
浴　室	一般照明 75～150		刮胡须、化妆、洗脸 200～500
厕　所	深夜 1～2		一般照明 50～100
走道、楼梯	深夜 1～2		一般照明 30～75
储藏室	一般照明 20～50		
门　厅	一般照明 75～150	换鞋、装饰柜 150～300	镜子 300～750
车　库	一般照明 30～75		清扫 200～500

　　══════　LED灯带

　　▦　浴霸

　　⊕　吸顶灯

　　◉　筒灯

　　▭◆◆◆▭　下悬吊灯

图 1-10　装饰灯具图例

3. 绘制效果图（参考）

绘制卧室效果图（参考），确定装饰风格和色彩（见图 1-11）。

图 1-11　卧室成角透视图（图片选自卓越手绘）

项目理论链接 7：一点透视作图法（见图 1-12）

（1）先按室内的实际比例尺寸确定 ABCD。

（2）确定视高 H、L，一般设为 1.5～1.7 m。

（3）灭点 VP 及量点 M 根据画面构图任意定。

（4）从 M 点引到 A 和 D 的尺寸格的连线，在 A-a 上的交点为进深点，作垂线。

（5）利用 VP 连接墙壁天井的尺寸分割线。

（6）根据平行法的原理求出透视方格，并在此基础上求出室内透视。图例：根据室内的平面、剖面，求出室内透视。

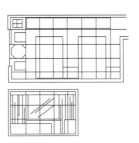

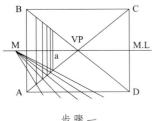

步骤一

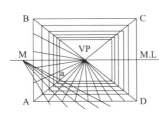

步骤二

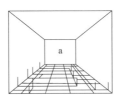

步骤三

图 1-12　一点透视作图法

项目理论链接 8：成角透视作图法（见图 1-13、图 1-14）

（1）线段 AB 为空间高度一层高（高度 3 m）。

（2）确定视平线高度。

（3）在视平线上确定灭点 V.P.1 和 V.P.2（规律：两个灭点的距离应是高度的 3~4 倍以上）。

（4）分别过 V.P.1 和 V.P.2 作 AB 两点的延长线。

（5）在 BC、BD 线段上画刻度，第 1 刻度与 AB 线段上的刻度接近，根据近大远小透视规律依次越来越大，由于 BD 线段的角度大，刻度距离渐变将明显些。

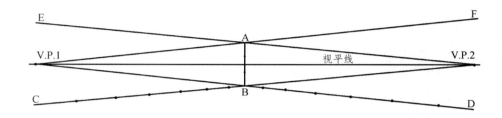

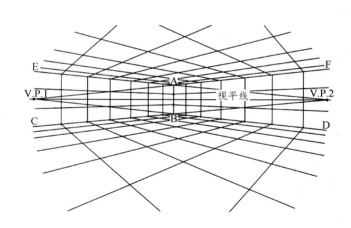

图 1-13　成角透视作图法

X1，X2 为两个消失点。如果在方形物体成角透视图上再加上其他斜面（如屋面）构成整体物体，其消失点在两个以上，称为成角透视。

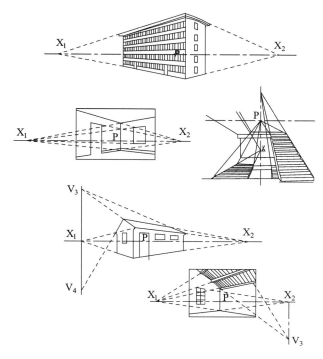

图 1-14　成角透视图

第三步：施工图图纸绘制（见图 1-15、图 1-16）

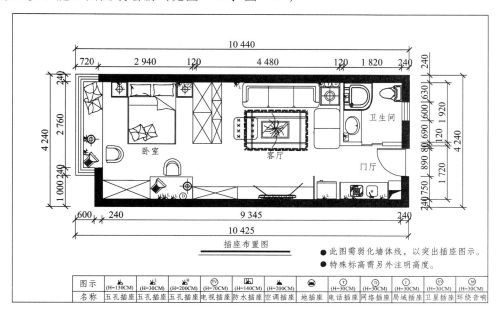

插座布置图

● 此图需弱化墙体线，以突出插座图示。
● 特殊标高需另外注明高度。

图示	H(H=130CM)	L(H=30CM)	H(H=200CM)	TV(H=70CM)	(H=140CM)	(H=200CM)		T(H=30CM)	D(H=30CM)	J(H=30CM)	S(H=30CM)	M(H=30CM)
名称	五孔插座	五孔插座	五孔插座	电视插座	防水插座	空调插座	地插座	电话插座	网络插座	局域插座	卫星插座	环绕音响

图 1-15　插座布置图

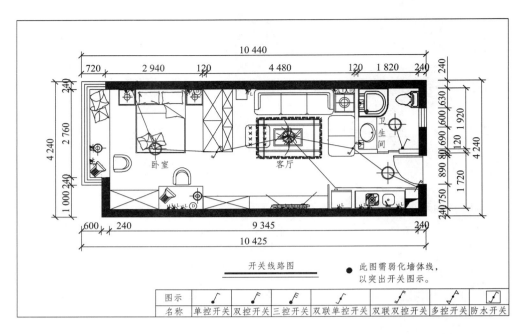

图 1-16　开关线路图

项目理论链接 9：水电知识（见图 1-17）

电线的种类与铺设的方法：

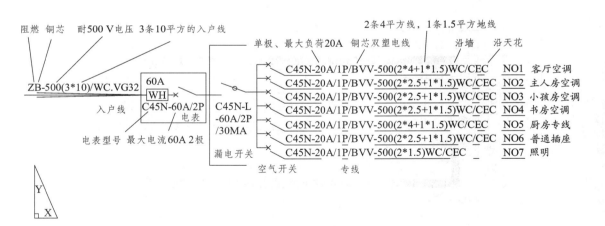

图 1-17　配电系统图

线粗和功率：

$1 \ m^2$ 可通过 $10 \sim 17 \ A$ 的电流。

1.5 m² 可通过 14～21 A 的电流。

2.5 m² 可通过 19～28 A 的电流。

4 m² 可通过 24～37 A 的电流。

6 m² 可通过 32～48 A 的电流。

10 m² 可通过 43～65 A 的电流。

项目理论链接 10：立面图的绘制方法（见图 1-18）

（1）选定图幅，确定比例。

（2）画出立面轮廓线及主要分隔线。

（3）画出门窗、家具及立面造型的投影。

（4）完成各细部作图。

（5）检查后，擦去多余图线并按线型线宽加深图线。

（6）注全有关尺寸，并注写文字说明。室内立面图常用的比例是 1∶50、1∶30，在这个比例范围内，基本可以清晰地表达出室内立面上的形体。

详图比例：1∶1、1∶2、1∶5、1∶10。

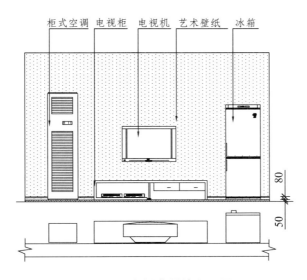

图 1-18　电视背景墙立面图

项目理论接连 11：材质要求

（1）地面：地固（保护水泥地面）地砖、木地板、大理石、马赛克。

（2）墙面：界面剂（固墙面）、乳胶漆、墙面漆、墙砖。

（3）顶面：轻钢龙骨、木龙骨（异形、刷防火涂料）、纸面石膏板、格栅、大芯板、9厘板。

（4）特殊材料：亚克力、铝塑板、玻璃、镜面、不锈钢、木饰面、各种材料雕花。

项目理论链接 12：厨房装修注意事项

厨房设备与家具的布局除了要考虑人体和家具的尺寸外，还应考虑家具的移动。另外，厨房设计要全面考虑通风良好、方便清洁、作业便利、能源安全等问题。

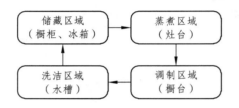

图 1-19　厨户装修布局

项目理论链接 13：人体工程学（见图 1-20、图 1-21）

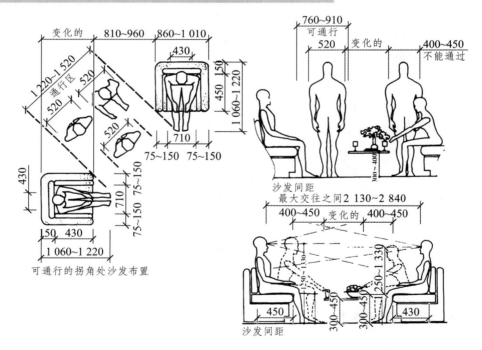

图 1-20　人体工程学作业范围图

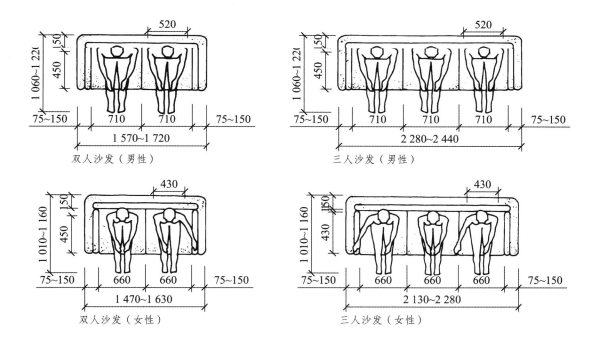

双人沙发（男性）

三人沙发（男性）

双人沙发（女性）

三人沙发（女性）

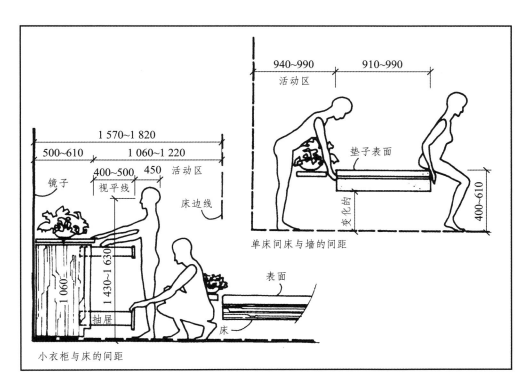

单床间床与墙的间距

小衣柜与床的间距

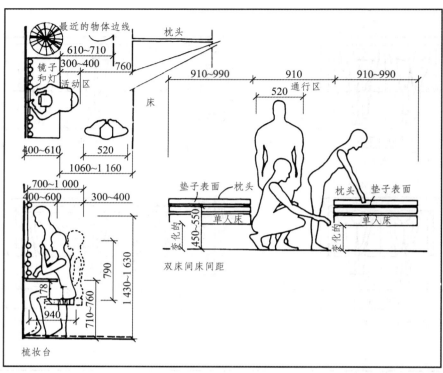

梳妆台

双床间床间距

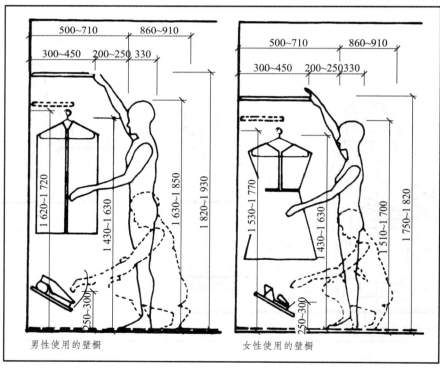

男性使用的壁橱

女性使用的壁橱

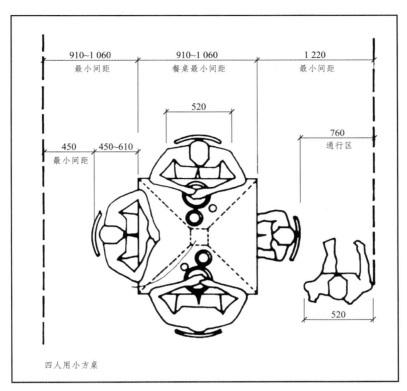

四人用小方桌

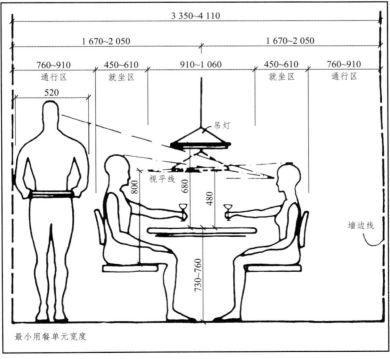

最小用餐单元宽度

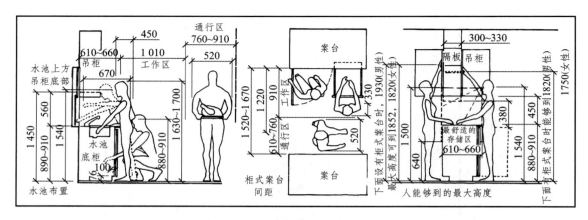

图 1-21　我国成年男女人体尺寸数据

项目理论链接 14：色彩在室内设计中的作用

（1）色彩的搭配。

（2）不同年龄和性别对色彩的爱好程度。

（3）色彩的象征性。

项目理论链接 15：居住建筑装饰工程预算部分公式

（1）定额人工费＝定额工日数×日工资标准。

（2）定额材料费＝材料数量×材料预算价格＋机械消耗费。（机械消耗费是材料费的
1%～2%）

（3）实际装修中，装修预算费用＝材料费＋人工费＋损耗费＋运输费＋机具费＋管理
费＋税收。由于各地的物料价格不同，装修费用也不尽相同，但装修工程量计算公式是一
致的，装修时可根据下面实例中的计算公式计算材料用量。

①　地面砖用量：

每 100 m 用量＝100÷[（块料长＋灰缝宽）×（块料宽＋灰缝宽）]×（1＋损耗率）

例如：选用复古地砖规格为 0.5 m×0.5 m，拼缝宽为 0.002 m，损耗率为 1%，100 m²
需用块数为：100 m² 用量＝100÷[（0.5＋0.002）×（0.5＋0.002）×（1＋0.01）＝401 块。

②　顶棚用量：

顶棚板用量＝（长－屏蔽长）×（宽－屏蔽宽）

例如：以净尺寸面积计算出 PVC 塑料天棚的用量。PVC 塑胶板的单价是 50.81 元/m²，
屏蔽长、宽均为 0.24 m，天棚长为 3 m，宽为 4.5 m，用量如下：

顶棚板用量＝（3－0.24）×（4.5－0.24）＝11.76 m²

③ 包门用量：

包门材料用量＝门外框长×门外框宽

例如：用复合木板包门，门外框长 2.7 m、宽 1.5 m，则其材料用量如下：

包门材料用量＝$2.7 \times 1.5 = 4.05$ m^2

④ 壁纸用量：

壁纸用量＝（高－屏蔽长）×（宽－屏蔽宽）×壁数－门面积－窗面积

例如：墙面以净尺寸面积计算，屏蔽为 24 cm，墙高 2.50 m、宽 5 m，门面积为 2.8 m^2，窗面积为 3.6 m^2，则用量如下：

壁纸用量＝[（$2.5 - 0.24$）×（$5 - 0.24$）]$\times 4 - 2.8 - 3.6 = 36.6$ m^2

四、项目典型错误纠正

（1）比例换算错误。

（2）尺寸标注错误。

五、项目实施和评价

项目评价表

项目编号	学生学习时间	学时	学生姓名		总分	
序号	评价内容及要求	评价标准	分值	评分	备注	
1	课堂练习作业情况	40				
2	课后练习作业情况	40				
3	拓展作业情况	10				
4	考勤	10				

六、项目作业

从图 1-22 至图 1-24 所示户型中任选一套进行设计，具体要求如下：

（1）户型特点分析。

（2）客户对象分析。

（3）风格不限。

（4）预算成本：4～7万元人民币。

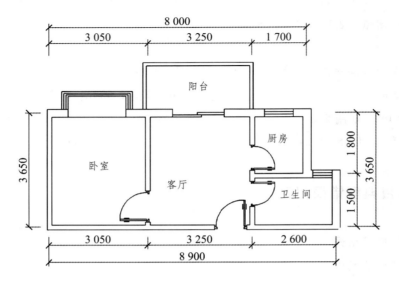

原始结构图 40.86 m^2

图 1-22　户型 1

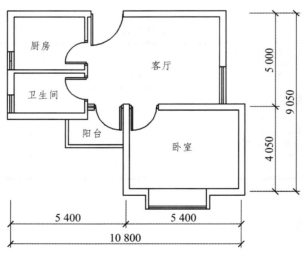

原始结构图 43 m^2

图 1-23　户型 2

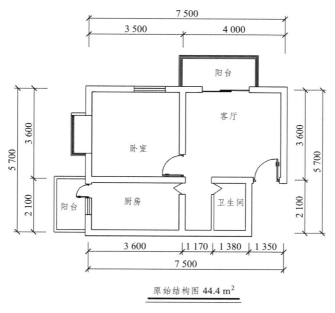

原始结构图 44.4 m²

图 1-24 户型 3

七、项目拓展

从下面给出的 7 套图纸中，原始户型图（图 1-25 至图 1-31）任选一套进行设计如下。

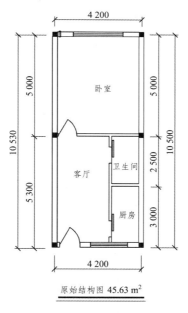

原始结构图 45.63 m²

图 1-25 图纸 1

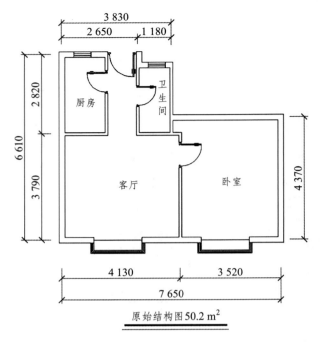

原始结构图50.2 m^2

图 1-26　图纸 2

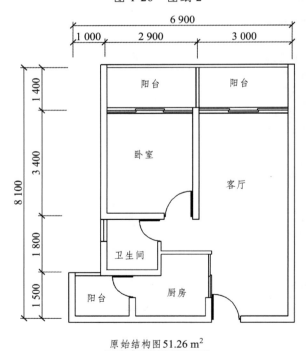

原始结构图51.26 m^2

图 1-27　图纸 3

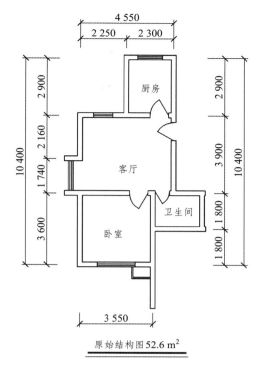

原始结构图52.6 m²

图 1-28 图纸 4

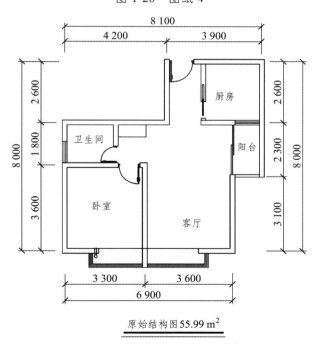

原始结构图55.99 m²

图 1-29 图纸 5

项目一 一室一厅单元制住宅设计

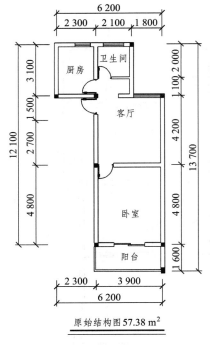

原始结构图57.38 m²

图 1-30 图纸 6

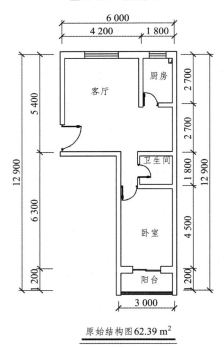

原始结构图62.39 m²

图 1-31 图纸 7

项目二　两室一厅单元制住宅设计

　　贵阳某小型广告设计公司职员小张，性格外向，大学毕业后一直留在贵阳，现已结婚两年，有一个 1 岁的儿子阳阳，夫妻俩去年在贵阳小河区贷款购买了一套两室一厅的商品房。建筑面积为 66.65 m²，内部净空间 52.2 m²，高度为 3 m，现计划投入 5 万元整体装修。喜欢现代简约风格，能满足三口之家最基本的生活条件即可。因为面积小，要求在设计的时候尽可能提高空间使用率。

一、项目要求

（一）户型情况介绍

　　单元制住宅一套（毛坯），地址：贵阳市小河区××栋××单元××楼××号，房型：两室一厅一厨一卫，用途：住宅，建筑面积：66.65 m²。

　　附原始户型图（见图 2-1）

（二）具体要求

（1）时间要求：预计工期 45 天。

（2）质量要求：符合中国室内装饰工程质量规范。

（3）施工要求：文明施工、安全施工。

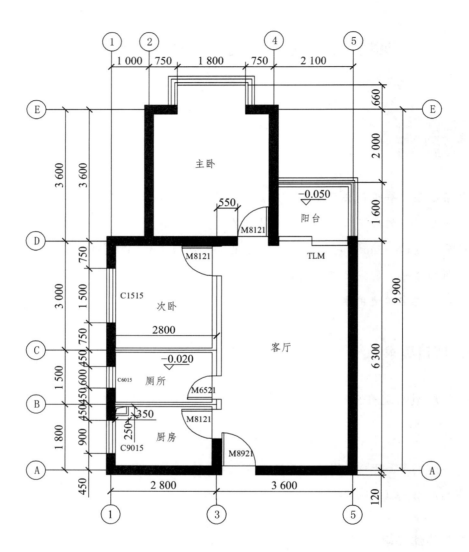

图 2-1　原始户型图

二、项目分析

（一）预算成本

5 万元人民币。

（二）设计要求

本户型是一个建筑面积为 66.65 m²，内部净空间 52.2 m²，净高度 3 m 的两室一厅户型。包括两个卧室，一个小客厅和一个卫生间，一个厨房，一个阳台。要求有小孩房，要能满足最基本的生活设施，设计风格简单实用，空间利用率高。

1. 客户对象分析

此住宅客户对象是新婚小家庭的年轻一族。这类人群工作年限短、经济情况中等、讲究生活品质，设计风格应考虑以温馨格调为主。

2. 户型设计要点分析

（1）本户型空间面积相对来说比较狭小，而且还需要配置儿童房。既要满足新婚夫妇的生活起居、会客、储存、学习等多种生活需求，又要使室内不产生杂乱感，同时又要留出足够的余地便于主人展示自己的个性。这就需要对其进行合理安排，充分利用空间。

（2）在空间布局上，根据空间所容纳的活动特征，采用灵活的空间布局进行分类处理。利用不同的材质、造型、色彩以及家具区分空间，尽量避免绝对的空间划分。可以加大采光量或使用具有通透性或玻璃材质的家具和隔断等，利用采光来扩充空间感，将空间变得明亮开阔。在配色上应采用明度较高的色系，最好以柔和亮丽的色彩为主调，避免造成视觉上的压迫感，从而使空间显得宽敞。

（3）在家具选择上要注意实用，只要达到基本的功能尺寸要求即可。应选择占地面积小、收纳容量高的家具，或选用可随意组合、拆装、折叠的家具，这样既可以容纳大量物品，又不会占用过多的室内面积，为空间内的其他活动留下更多的余地。

项目理论链接 1：设计风格

本项目以现代中式风格为例进行讲解。

三、项目路径和步骤

（一）项目路径（见图 2-2）

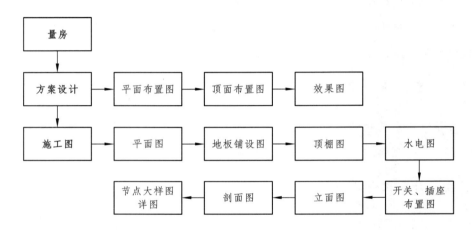

图 2-2　项目路径

（二）项目步骤

第一步：量房

第二步：方案设计

1. 绘制平面布置图（见图 2-3 至图 2-6）

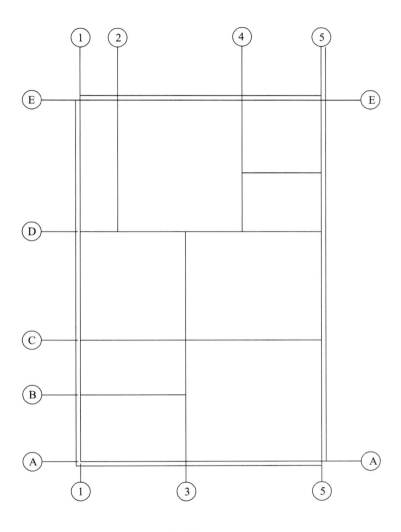

平面图 1∶50

图 2-3 定位中轴线的绘制

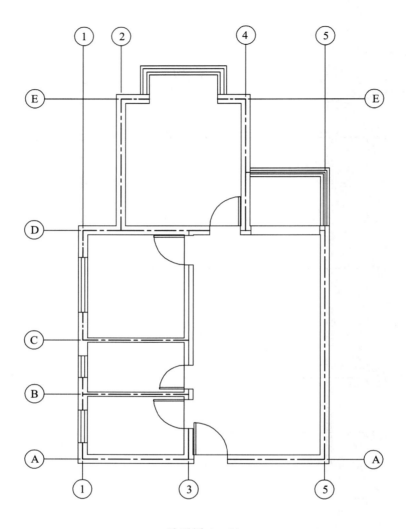

平面图 1：50

图 2-4　中轴线的绘制

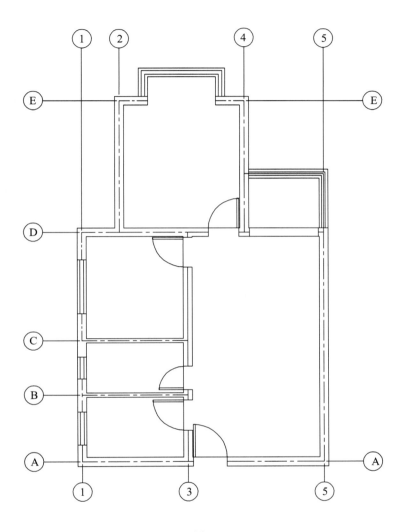

平面图 1：50

图 2-5　墙体的绘制

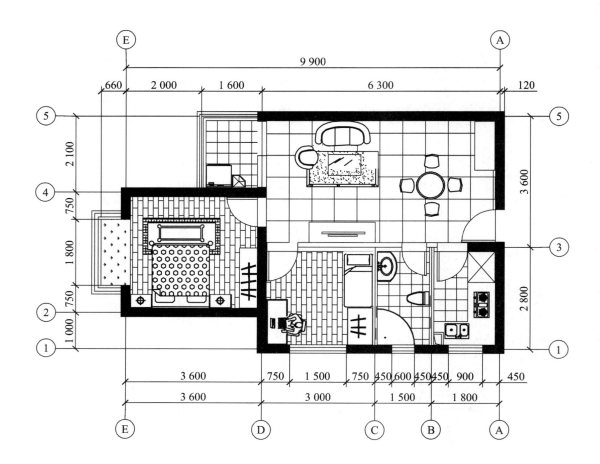

平面布置图 1：50

图 2-6　功能分区及家具布置（单位：mm）

2. 绘制顶面布置图（见图 2-7、图 2-8）

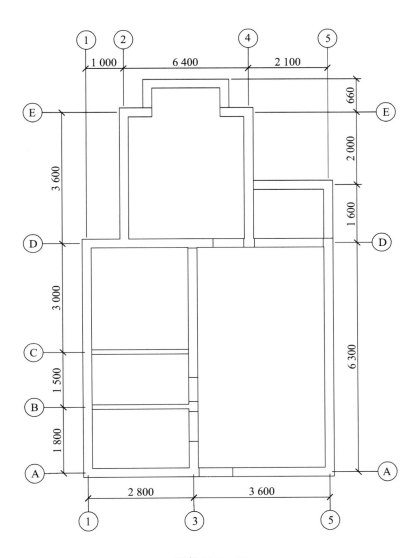

顶棚图 1∶50

图 2-7　原始顶棚图的绘制（单位：mm）

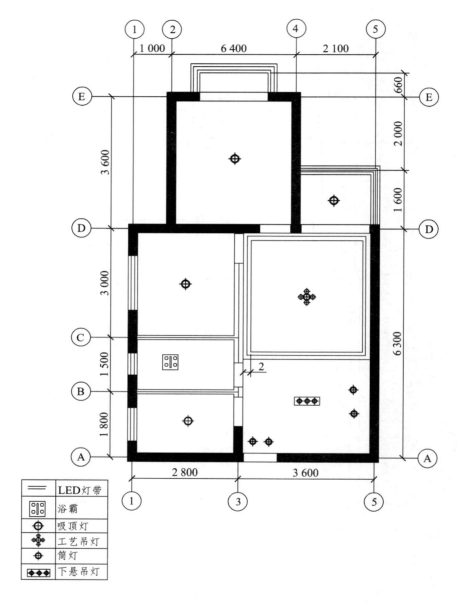

顶棚图 1：50

图 2-8 顶棚布置图的绘制（单位：mm）

3. 绘制效果图

绘制卧室效果图，确定装饰风格和色彩（见图 2-9、图 2-10）。

图 2-9　卧室成角透视效果图

图 2-10　客厅一点透视效果图

第三步：施工图图纸绘制（见图 2-11 至图 2-17）

1. 施工图的绘制

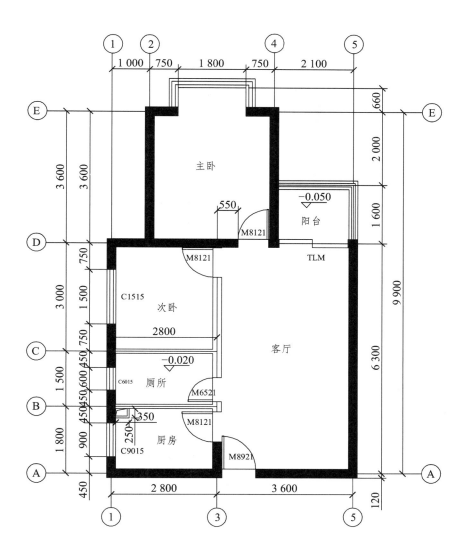

图 2-11　原始户型图

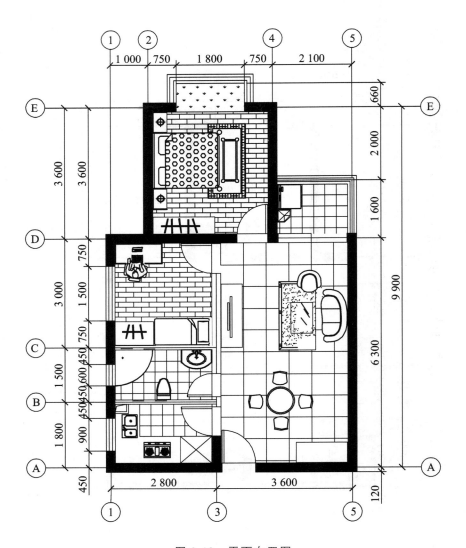

图 2-12　平面布置图

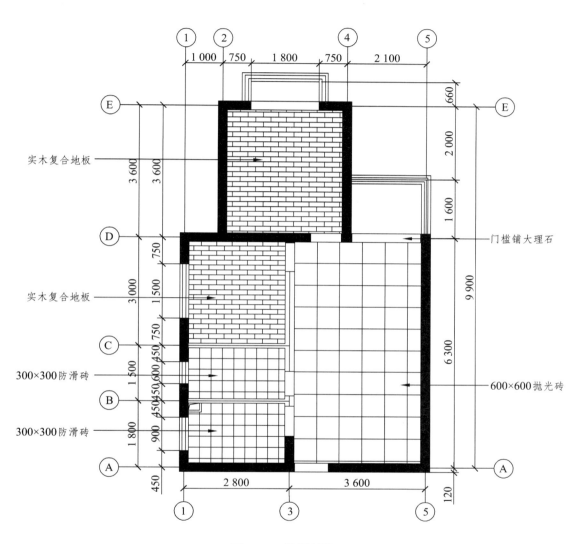

实木复合地板

实木复合地板

300×300防滑砖

300×300防滑砖

门槛铺大理石

600×600抛光砖

图 2-13　地板铺设图

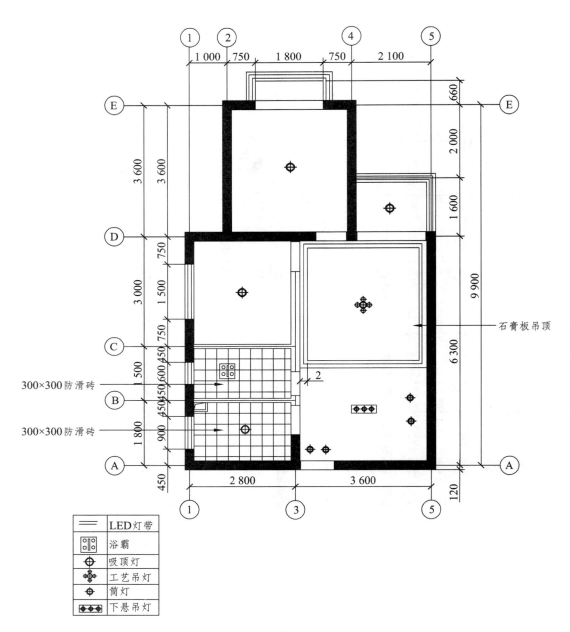

顶棚图 1：50

图 2-14　顶棚图

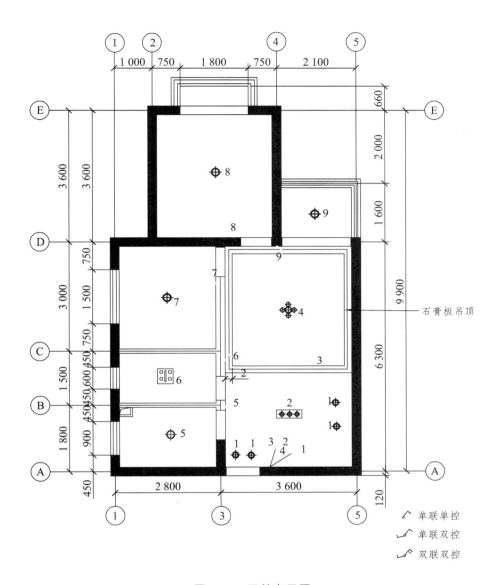

图 2-15 开关布置图

石膏板吊顶

单联单控

单联双控

双联双控

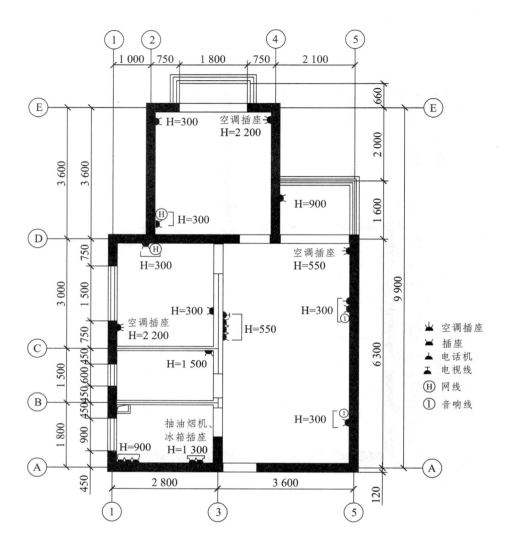

图 2-16　插座布置图

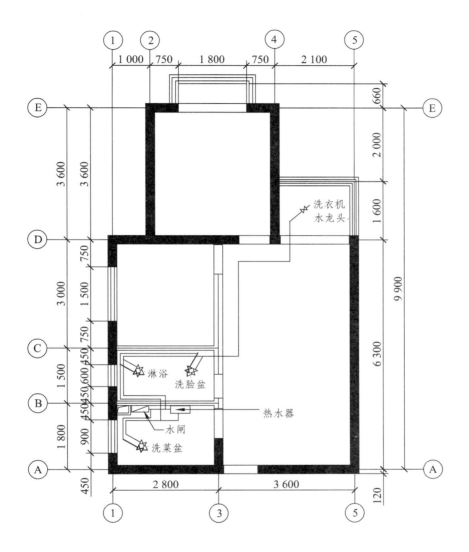

图 2-17　水路布置图

四、项目典型错误纠正

（1）比例换算错误。

（2）尺寸标注错误。

五、项目实施和评价

项目评价表

项目编号	学生学习时间	学时	学生姓名		总分	
序号	评价内容及要求	评价标准	分值	评分	备注	
1	课堂练习作业情况	40				
2	课后练习作业情况	40				
3	拓展作业情况	10				
4	考勤	10				

六、项目作业

从图 2-18、图 2-19 所示户型中任选一套进行设计，具体要求如下：

（1）户型特点分析。

（2）客户对象分析。

（3）风格不限。

（4）预算成本：5 万元人民币。

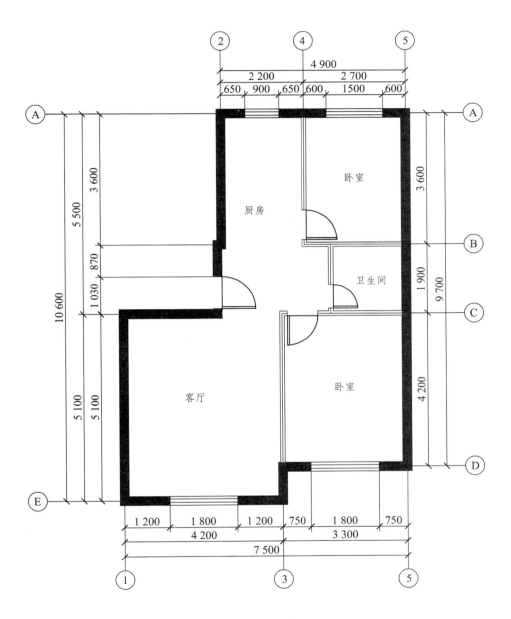

图 2-18 户型 1

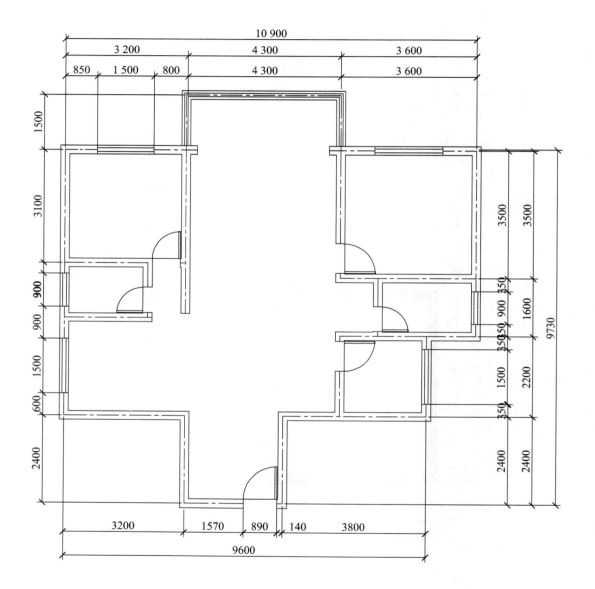

图 2-19　户型 2

七、项目拓展

从图 2-20、2-21 两套图纸中任选一套进行设计。

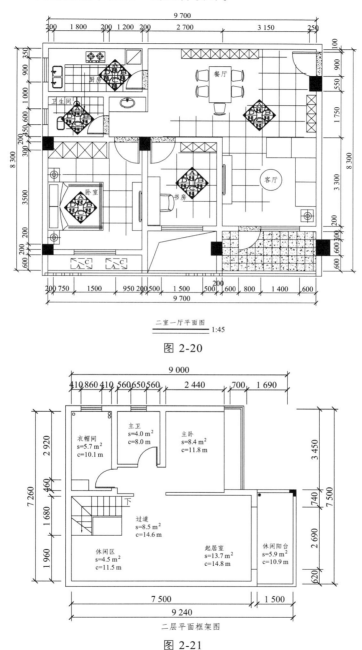

图 2-20

图 2-21

项目三　三室一厅单元制住宅设计

叶某与女朋友均来自农村，大学毕业后两人在贵阳某事业单位工作。通过努力两人合力，在贵阳买了一套三室一厅的商品房，准备明年结婚。因为两人工作单位都位于贵阳市观山湖区，为了方便，新房买的是世纪城龙泉苑×栋×单元×楼×号。房屋建筑面积为112.4 m²，使用面积为96 m²，净高2.8 m。现准备了10万元钱用于装修，两人都喜欢现代简约风格，准备除了主卧外，再装一个老人房和一个小孩房。

一、项目要求

（一）户型情况介绍

单元制住宅一套（毛坯），地址：贵阳市观山湖区世纪城龙泉苑×栋×单元×楼×号，房型：三室一厅一厨一卫，用途：住宅，建筑面积：112.4 m²。

附原始户型图（见图3-1）。

（二）具体要求

（1）时间要求：预计工期60天。

（2）质量要求：符合中国室内装饰工程质量规范。

（3）施工要求：文明施工、安全施工。

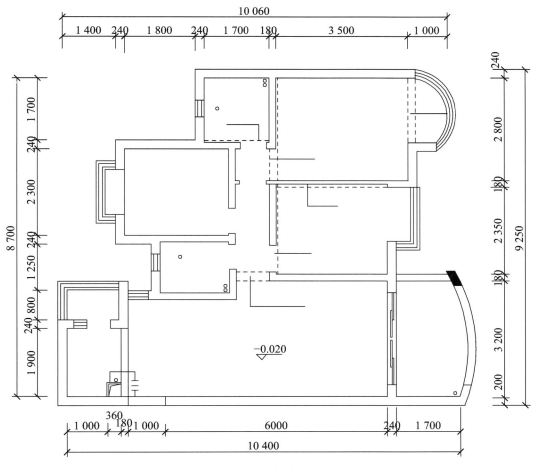

图 3-1　原始户型图

二、项目分析

（一）预算成本

10 万元人民币。

（二）设计要求

本户型是一个建筑面积为 112.4 m²，内部净空间 96 m²，净高度 2.8 m 的三室一厅户型。

包括一个客厅兼餐厅，三个卧室（主人房、老人房、儿童房），两个卫生间（其中主卧卫生间业主要求改成衣帽间），一个厨房，一个大阳台两个小阳台。该房为一对年轻夫妻及其父母和小孩的三代之家使用。客户要求要有能满足最基本的生活设施，设计简洁朴素，富有现代气息，且尽可能提高房屋现有空间使用率。

1. 客户对象分析

业主为年轻的上班一族，喜欢简约风格，经济状况一般，实用主义者。本房源宜采用现代简约风格，忌方案设计过于繁琐。

2. 户型设计要点分析

（1）此三室一厅的户型空间面积比较适中，但仅东西两面有自然采光，空间布局合理，紧靠客厅一侧有大概 7 m² 的大阳台。客户要求要在满足日常生活起居、学习、会客、储藏、娱乐等多种生活需求的同时，又要求布置上独特别致，整体宽敞明亮，同时还能展现年轻一代时尚的个性特征。这就需要我们在设计时全方位考虑，拿出折中方案。

（2）在空间布局上，此房源大门朝南开，标准的坐北朝南，在朝向上避免了冬日的寒风和夏日的西晒。以电视背景墙为界南北空间划分明确，靠南方向以公共空间为主，靠北则以私密空间为主，同样为水电线路的设计布局带来诸多方便。由于房源的高度仅为 2.8 m，所以吊顶设计不宜全面采用人工吊顶，为了简洁大方，可考虑餐厅和客厅的边缘采用局部吊顶，既避免了高度过低的压抑感，又能通过设计把餐厅和客厅的空间进行心理分割。然而房源的南面自然采光少，在客厅和餐厅的设计上宜多使用颜色偏亮的方案，在材质选择上多采用具有通透性的玻璃材质，以充分利用自然采光来扩充空间感，将空间变得明亮开阔。

（3）在家具的选择上要注意简洁实用，各空间的家具颜色忌多而杂，以总体协调为原则。家具尺寸的选择符合人体工程学即可。衣帽间和次卧的衣柜宜选择现场制作，这样可提高空间的使用率。所有现场制作的家具在造型设计上应充分满足业主现代简约风格的要求，颜色以偏亮的色调为主，加强现代感。还可在局部位置设计布置装饰雕塑和装饰画，使整套设计达到实用性和审美性的功能统一。

现代简约风格装饰特点：由曲线和非对称线条构成，如花梗、花蕾、葡萄藤、昆虫翅膀以及自然界各种优美、波状的形体图案等，常体现在墙面、栏杆、窗棂和家具等装饰上。线条有的柔美雅致，有的道劲而富有节奏感，整个立体形式都与有条不紊的、有节奏的曲线融为一体。大量使用铁制构件，将玻璃、瓷砖等新工艺，以及铁艺制品、陶艺制品等综合运用于室内。注意室内外沟通，竭力给室内装饰艺术引入新意。

图 3-2　现代简约风格

三、项目路径和步骤

（一）项目路径（见图 3-3）

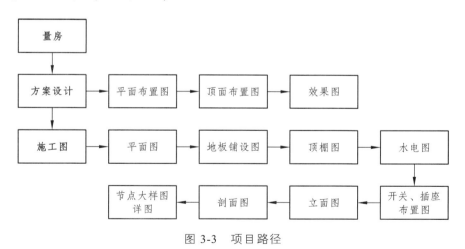

图 3-3　项目路径

（二）项目步骤

第一步：量房

进行实地测量，即对房屋内各个房间的长、宽、高以及门、窗、暖气的位置进行逐一测量。但要注意，房屋的现况是对报价有影响的；同时，量房过程也是和业主进行现场沟通的过程，设计师可根据实地情况提出一些合理化建议，进行沟通，为以后设计方案的完整性做补充。

1. **工具/原料[卷尺、靠尺、相机、纸、笔（最好两种颜色）、粉笔（用于实地标注墙壁）]**

（1）所有的测量都依靠卷尺，测量范围包括各个房间墙地面长宽高、墙体及梁的厚度、门窗高度及距墙高度等。所以一定要带足够长的卷尺，一般在 5 m 以上。

（2）最好要有打印出来的平面户型图，这样能更清晰。如果没有，就需要现场手绘了。户型图最好多带一份，以便备用。

2. **方　法**

（1）一般从入户门一边开始测量，转一圈，最后回到入户门另一边。

（2）在用卷尺测量具体一个房间的长度、高度时，长度要紧贴地面测量，高度要紧贴墙体拐角处测量。

（3）所有的尺寸都分段，就像我们学过的几何一样分割成若干个，测量了之后数据随时记录（如，一面墙中间有窗户，先量墙角到窗户的距离，再量窗户的宽度，再量窗户到另一边墙角的距离）

（4）窗户要把"离地高"以及"高度"标出来，飘窗还要记录其深度。

（5）柱子、门洞等的处理方式跟窗户一样，也用数据分开，这样平面图出来后就能知道具体位置。

（6）卫生间的测量要把马桶下水、地漏、面盆下水的位置在平面图中标注出来。马桶中心到墙的距离，这牵扯到买马桶的坑距问题；还有就是梁的位置。

（7）没有特殊情况，层高基本是一定的，找两个地方量一下层高取平均值就可以了。

（8）量完复印两份，以备不测。

（9）量房前记得索要房屋建筑水电图以及建筑结构图，还要了解房屋所在小区物业对房屋装修的具体规定。例如在水电改造方面的具体要求，房屋外立面可否拆改，阳台窗能否封闭等，以避免不必要的麻烦。

第二步：方案设计

1. 对原始平面图分析（见图 3-4）

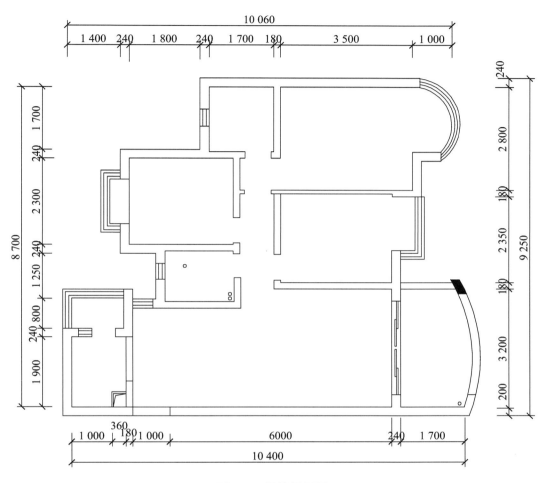

图 3-4   原始平面图

项目理论链接 2：室内设计风水

室内设计风水，就是一种光的应用。光是一切动力的源泉，太阳的昼夜之分，使地球的不同半球的不同地区的受热情况产生差异，从而产生温差，形成风。光线和风会对家居的氛围产生影响，从而影响人的心情和健康，这就是风水。如何有效地应用这种光，是一种学问。室内设计中的风水并不是迷信的东西，如果在设计中能兼顾，则兼顾，如果不能兼顾的，只能按设计办。

家居风水中，说得最多的是方位。说到方位，很多人就会联想到青龙、白虎之类的字眼，其实这涉及一个地理问题，并没有什么太深的奥妙。

（1）方位的坐向，与地球的磁场相关。我们知道地球并非纯圆的，而是带一点椭圆形的，而磁场对人体的血流有影响，从而会对人体的健康形成影响。

（2）方位的坐向，也与太阳与地球的光线角度有关，会影响室内的采光，对人的心理造成影响。其实，室内设计风水学是有一定的正确性的，不难从科学的角度去分析。

卧室装修篇

人的一生，大部分都在卧室度过。装修一个既符合风水习惯，又符合自己心情的卧室，显得极为重要

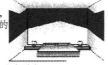

冷色调卧室主女性红鸾
卧室的色调，应该多用暖色调，温馨，心理舒畅。不要用太多的冷色调，如白、蓝，容易导致女性红鸾

床头切忌有壁柜
床头一定要简单，不可放太多的东西，否则泰山压顶，对心理造成很大的紧张

卧室应该暗但通风要好
卧室的色点暗一些，隐私感较强。但是通风一定要好，光线也一定要照进来

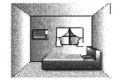

卧室中的浴室要保持干燥
卧室中的浴室，水流一定要通畅。温度太高，会影响健康

卧室中的浴室要突出
卧室中的浴室要凸出，不要凹入，否则对主人不利

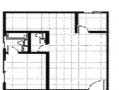

卧室中的门窗不可太低
卧室中的窗应该高于门，尤其忌讳与床同高

图 3-5　室内设计风水

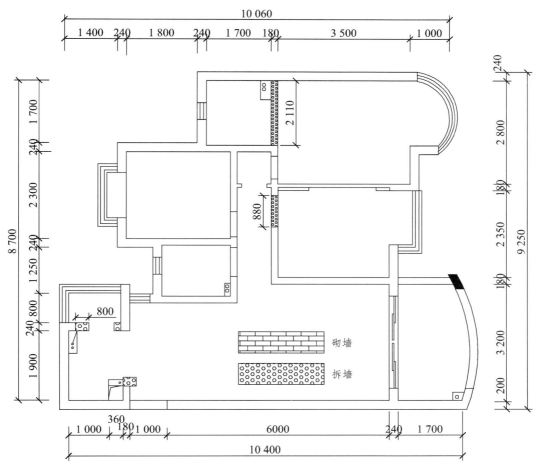

图 3-6　拆墙图

项目理论链接 3：室内设计墙体改造原则

家居结构改造涉及安全问题，所以在改造过程中应遵循以下五个原则：

（1）对于"砖混"结构的建筑，凡是预制板墙一律不能拆除，也不能开门开窗。特别是厚度超过 24 cm 以上的砖墙，一般都属于承重墙，不能轻易拆除和改造。承重墙承担着楼盘的重量，维持着整个房屋结构的力的平衡。如果拆除了承重墙，破坏了这个力的平衡，可能会造成严重后果。

（2）门框是嵌在混凝土中的，不宜拆除。如果拆除或改造，就会破坏建筑结构，降低安全系数；同时，重新安装门也比较困难。

（3）阳台边的矮墙不能拆除或改变。一般房间与阳台之间的墙上都有一门一窗，这些门窗可以拆除，但窗以下的墙不能拆，因为这段墙是"配重墙"，它就像秤砣一样起着挑起阳台的作用。如果拆除这堵墙，就会使阳台的承重力下降，导致阳台下坠。

（4）房间中的梁柱不能改。梁柱是用来支撑上层楼板的，拆除或改造就会造成上层楼板下掉，非常危险，所以梁柱绝不能拆除或改造。

（5）墙体中的钢筋不能动。在埋设管线时，如将钢筋破坏，就会影响到墙体和楼板的承受力，留下安全隐患。

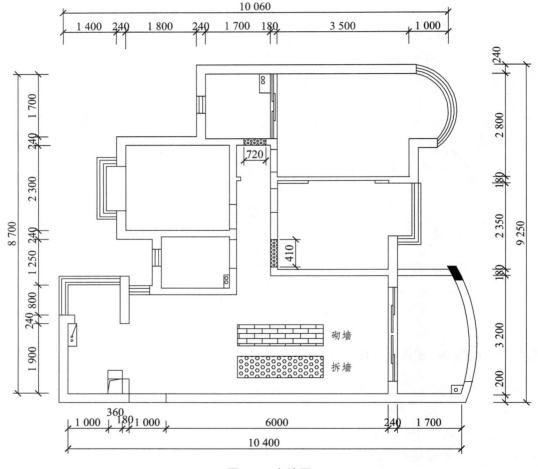

图 3-7　砌墙图

项目理论链接 4：平面布置的基本要求

室内设计应坚持"以人为本"的设计原则，体现对人的关怀，如空间舒适性、安全性，对老人、儿童、残疾人的关注等。这里包括功能和使用要求，精神和审美要求，以及通过必要的物质技术手段来达到前述两方面的要求，同时还要符合经济的原则。"形式追随功能"这一著名的口号最早于19世纪由美国雕塑家霍雷肖·格里诺提出，美国芝加哥学派的代表人物路易斯·沙利文首先将其引入到建筑和室内设计领域，即建筑设计最重要的是好的功能，然后再加上合适的形式，从而摆正了功能与形式的关系。

功能和使用要求，即结合人体工程学等学科，满足人类对舒适、健康、安全、方便、卫生等方面的要求，包括空间的宜人尺度，照明、通风、音响、自来水、排污等方面内容，属于室内设计的使用层面。设计行为有别于纯粹的艺术，就是基于功能原则，任何设计行为都有既定的功能要满足，是否达到这一要求，也是判断设计结果成功与失败的一个先决条件。

精神和审美要求，即运用审美心理学、环境心理学原理，满足美感以及私密性、领域感等精神、心理要求，通过空间中实体与虚体的形态、尺度、色彩、材质、光线、虚实等表意性因素，来抚慰心灵，创造恰当的风格、氛围和意境，以有限的物质条件创造出无限的精神价值，提高空间的艺术质量，以引起观者大致相同的情绪，是用于增强空间的表现力和感染力的审美层面内容。

物质技术手段，即根据具体投资状况，选择恰当材料、结构、技术等手段，属于室内设计的构造层面内容。

图 3-8　室内设计图

图 3-9　室内设计图

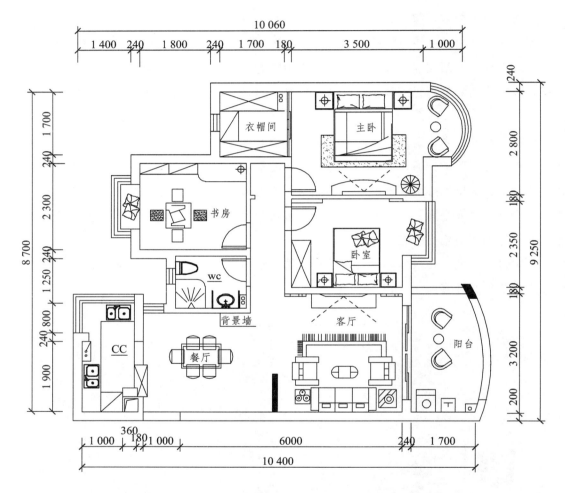

图 3-10 功能分区及家具布置图（单位：mm）

2. 绘制顶面布置图（见图 3-11、图 3-12）

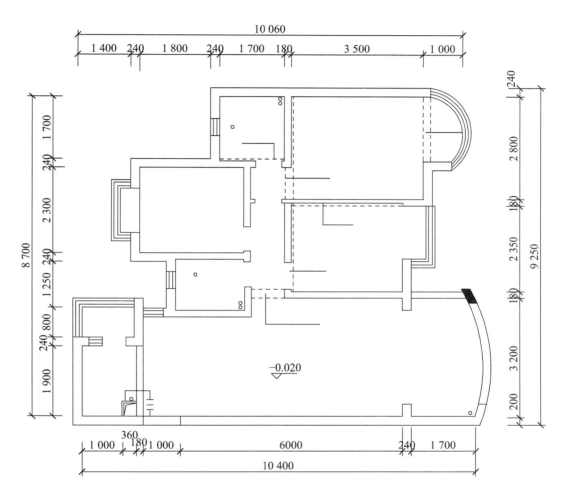

图 3-11　原始顶棚图的分析及绘制（单位：mm）

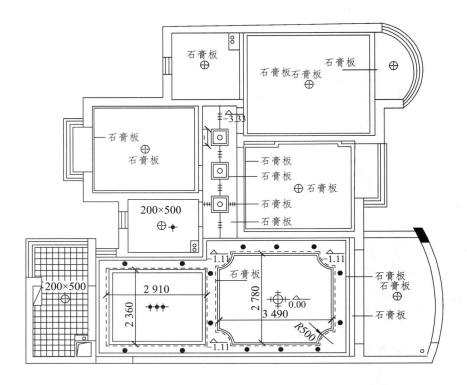

图 3-12　顶棚布置图的绘制（单位：mm）

项目理论链接 5：顶棚布置图的内容和画法

（1）被水平剖切面剖到的墙柱和壁柱；

（2）墙上的门、窗、洞口；

（3）顶棚的形式与构造；

（4）顶棚上的灯具、风口、自动喷淋、扬声器、浮雕及线角等装饰；

（5）顶棚及相关装饰的颜色和材料；

（6）顶棚底面及分层吊顶底面的标高；

（7）索引符号及编号；

（8）图名与比例。

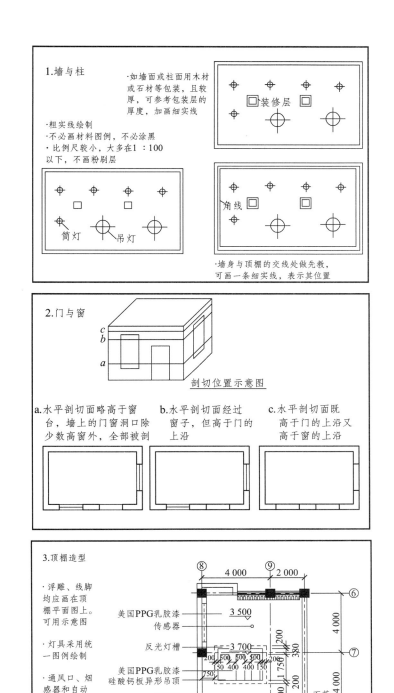

图 3-13 顶棚布置图画法

项目理论链接 6：室内装饰灯具图例认识及运用

（1）灯具图例识别。

灯具图例识别

	图例	名称		位置	距地高度（mm）	对应构件	对应楼
1	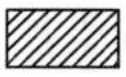	照明配电箱 | xSA1 系列	150	距地 1.8 m	1 800	配电箱柜	1
2	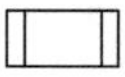	电度表箱|供电局提供	192	距地 1.4 m	1 400	配电箱柜	1
3	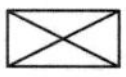	应急照明箱	24	距地 1.4 m	1 400	配电箱柜	1
4	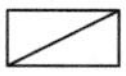	双电源切换箱	14	距地 1.2 m	1 200	配电箱柜	1
5	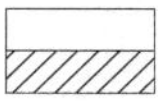	动力柜	1	距地 1.2 m	1 200	配电箱柜	1
6		灯具	2 943	吸顶	层高	灯具	1
7	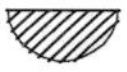	吸顶灯	729	吸顶	层高	灯具	1
8		壁灯	7	距地 2.2 m	2 200	灯具	1
9		墙上壁灯	192	门上方 0.3 m	3 000	灯具	1
10		球形灯	2	吸顶	层高	灯具	1
11	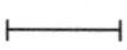	单管荧光灯	490	吸顶	层高	灯具	1
12	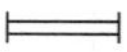	双管荧光灯	294	吸顶	层高	灯具	1
13	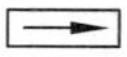	疏散指示灯（带音响指示信号）	350	距地 0.5 m	500	灯具	1
14	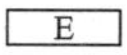	安全出口灯	402	门上方 0.3 m	3 000	灯具	1

图 3-14　灯具图例

（2）常用灯控符号（见图 3-15）。

	日光灯		灯带		单联单挖		单联双挖
	导轨射灯		镜前灯		双联单挖		双联双挖
	500×300格栅灯		换气扇		三联单挖		三联双挖
	嵌入式日光灯		浴霸		四联单挖		四联双挖

SP 音响出线口　　　　备用插座（预留）　　CW 洗衣机插座
挂式空调插座　　　　地插　　　　R 微波炉插座
立式空调插座　　IT 因特网出线口　　REF 电冰箱插座

双控双连开关　　　　三控双连开关

双控单连开关　　　　开关

筒灯　　筒灯　　冷光灯　　吊灯　　台灯

反光槽日光灯　　轨道射灯

日光灯　　日光灯

图 3-15　常用灯控符号

（3）灯具图例的使用方法（见图 3-16）。

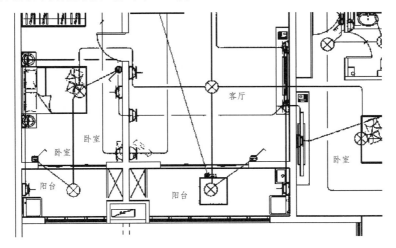

客厅

卧室

卧室

阳台

阳台

卧室

图 3-16　灯具图例使用方法

项目三　三室一厅单元制住宅设计

3．绘制效果图

（1）绘制主要空间效果图，确定装饰风格和色彩（见图 3-17、图 3-18）。

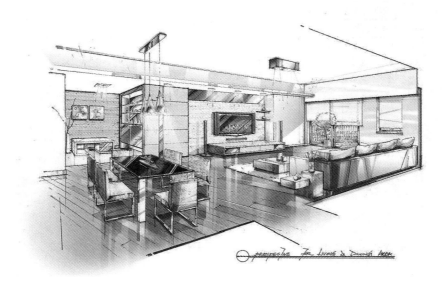

图 3-17　客厅成角透视效果图

图 3-18　卧室成角透视效果图

项目理论链接 7：效果图之马克笔绘画步骤

步骤 1：将设计构思在图纸上迅速勾勒出来，注意把握空间和形体透视（见图 3-19）。

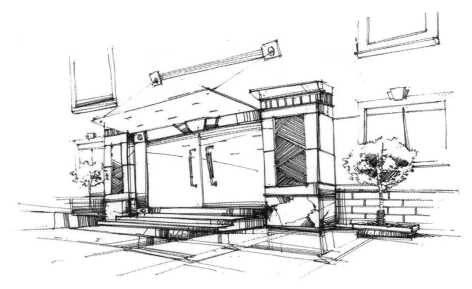

图 3-19　步骤 1

步骤 2：把握各物体的色彩、材质特征，用明度较高、纯度较低的色彩绘制形体的整体关系（见图 3-20）。

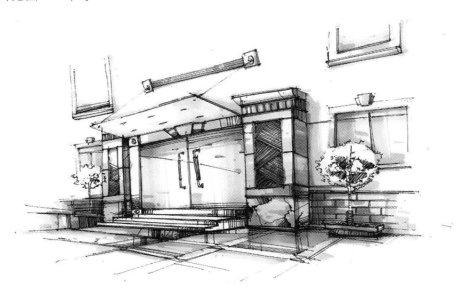

图 3-20　步骤 2

步骤 3：用同色系、明度较低的颜色绘制物体的暗部和投影。注意推敲图面整体虚实关系及色彩冷暖变化，同时环境色因素也应考虑进去（见图 3-21）。

图 3-21　步骤 3

步骤 4：绘制高光，进一步确定物体形态、材质属性，产生明暗对比关系。

图 3-22　步骤 4

项目理论链接 8：效果图之彩铅技法及绘画步骤

（1）在设计构思成熟后，用铅笔起稿，把每一部分结构都表现到位。

（2）在用黑勾线笔描绘前，要清楚准备把哪一部分作为重点表现，然后从这一部分着手刻画，同时把物体的受光、暗部、质感表现出来。

（3）视觉重心刻画完后，开始拉伸空间，虚化远景及其他部分。待完成后，进一步调整画面的线和面，打破画面的生硬感觉。

（4）先考虑画面整体色调，再考虑局部色彩的对比，直至整体笔触的运用和细部笔触的变化。

（5）整体铺开润色，笔触运用灵活。这里要提到的一点是彩铅，彩铅能对整个画面的谐调统一起到很好的作用，包括特殊效果的刻画。

（6）调整画面平衡度和疏密关系，注意物体色彩的变化，把环境色彩考虑进去。进一步加强因着色而模糊的结构线，用修正液修改错误的轮廓线和渗出轮廓的色彩，同时提亮物体的高光点和光源的发光点。

第三步：施工图图纸绘制（见图3-23至图3-29）

1．施工图的绘制

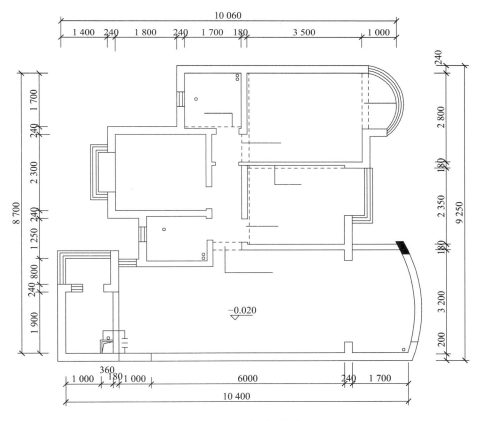

图 3-23　原始户型图

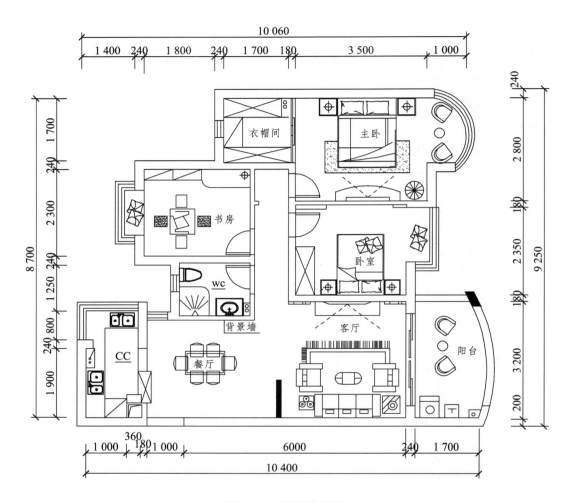

图 3-24　平面布置图

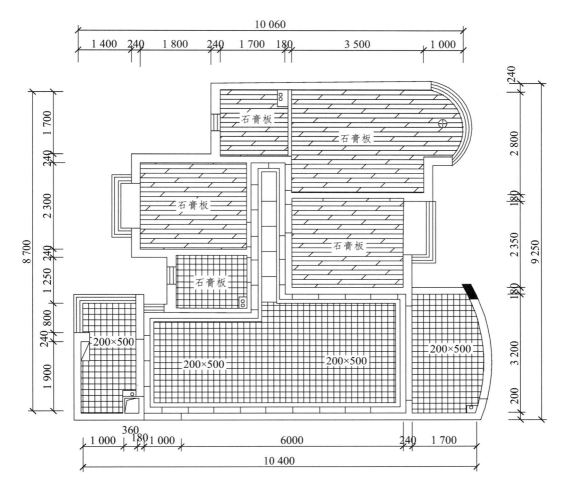

图 3-25　地板铺设图

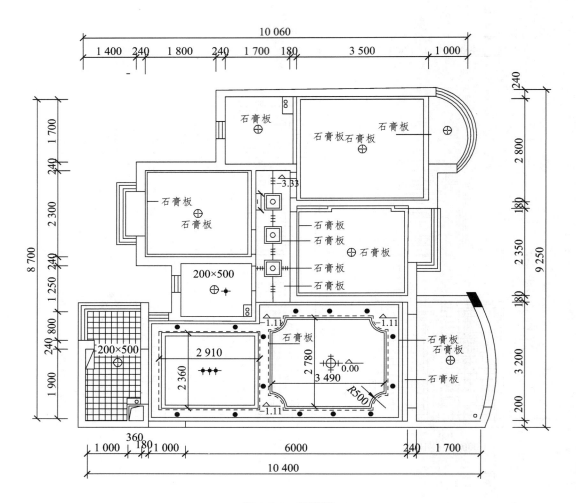

图 3-26　顶棚图

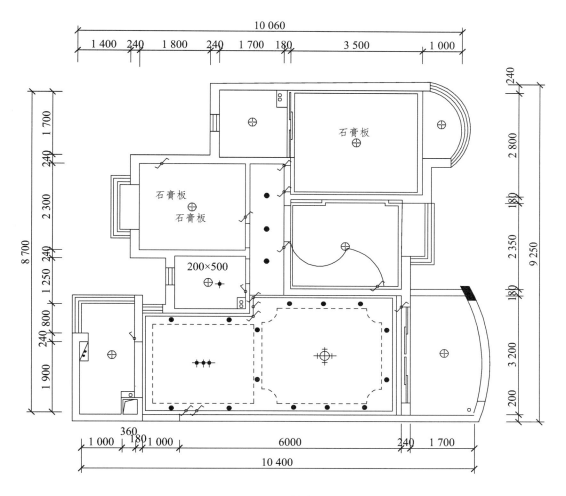

图 3-27 开关布置图

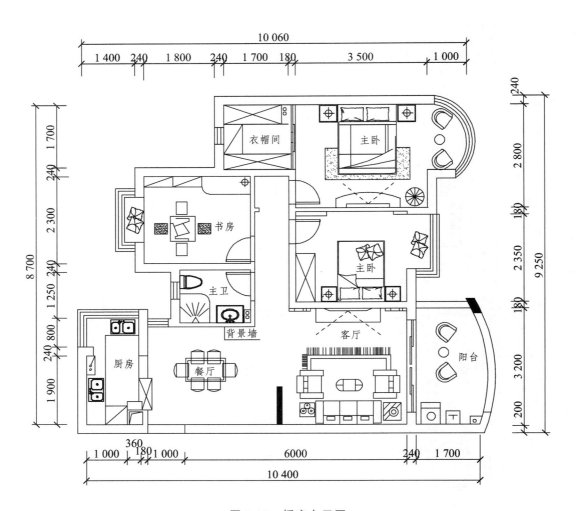

图 3-28　插座布置图

项目理论链接 9：如何选择开关、插座

（1）看外观。

优质开关和插座的面板应采用高级塑料产品，看起来材质均匀，表面光洁有质感。其阻燃性、绝缘性和抗冲击性强，并且材质稳定、不易变色。选用这种材质生产的开关和插座，可以大大减少因电路原因引起火灾等情况的发生。

（2）看内构。

就开关而言，通常应采用纯银触点和用银铜复合材料做的导电片，这样可以防止启闭时电弧引起的氧化。优质面板的导电桥采用的是银镍铜复合材料。银材料的导电性优良，而银镍合金抑制电弧的能力特别强，开关采用黄铜螺钉压线，接触面大而好，压线能力强，接线稳定可靠。单孔接线铜柱，接线容量大，不受导线线径粗细限制。

（3）安全性。

插座的安全保护门是必不可少的，您在挑选插座的时候应尽量选择带有保护门的产品。其次要检查一下插座夹片的紧固程度。插力平稳是一个关键因素，同时强力挤压使插头不易脱落，有效地减少了非人为因素的断电事故的发生。同时，插座夹片采用优质的锡磷青铜，导电性能良好，抗疲劳性强，可保障插座插拔次数达 10 000 次（国际标准 5 000 次）。

此外，在考虑开关和插座的安全性之余，其外观设计也被越来越多的消费者所关注。更多的色彩融入其中，给家居生活带来无限的想象空间。

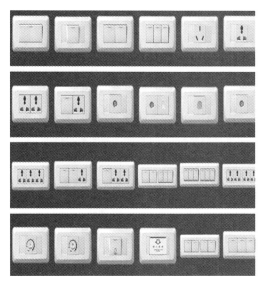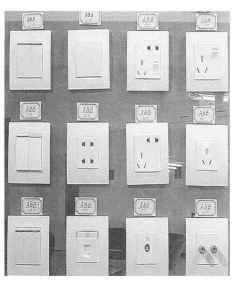

图 3-29　常用开关、插座

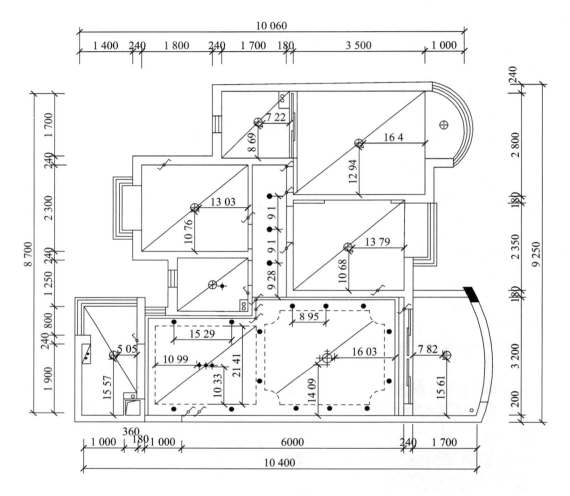

图 3-30　灯位布置图

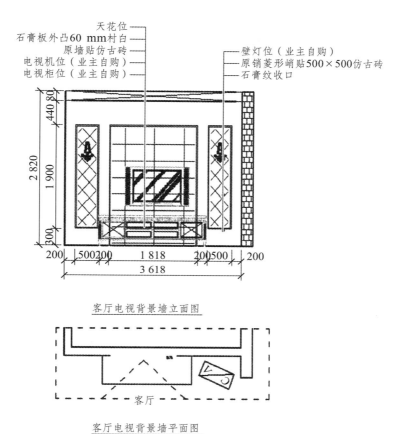

石膏板外凸60 mm村白 ——
原墙贴仿古砖 ——
电视机位（业主自购）——
电视柜位（业主自购）——
天花位 ——

壁灯位（业主自购）——
原销菱形峭贴500×500仿古砖 ——
石膏纹收口 ——

客厅电视背景墙立面图

客厅

客厅电视背景墙平面图

图 3-31　电视背景墙立面图

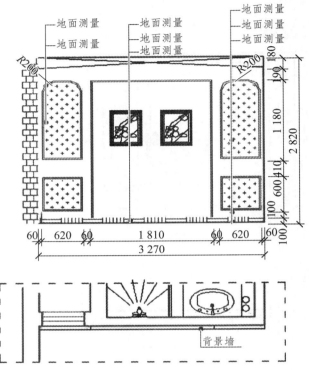

餐厅背景墙平面图

图 3-32　餐厅背景墙立面图

（1）内外墙节点、楼梯、电梯、厨房、卫生间等局部平面，要单独绘制大样和构造详图。

（2）室内外装饰方面的构造、线脚、图案，造型美观等，很多这方面造型都是由建筑师来创意的。

（3）特殊的或非标准门、窗、幕墙等也应有构造详图，要另外委托设计加工者；同时，还要绘制立面分格图，对开启面积大小和开启方式，与主体结构的连接方式、预埋件、用料材质、颜色等做出规定。

（4）其他在平、立、剖面或文字说明中无法交代或交代不清的建筑构配件和建筑构造，要表达出构造做法、尺寸、构配件相互关系和建筑材料等，就要引出大样。相对于平、立、剖面而言，这是一种辅助图样。

（5）对紧邻的原有建筑，应绘出其局部平、立、剖面，并索引出新建筑与原有建筑结合处的详图号。

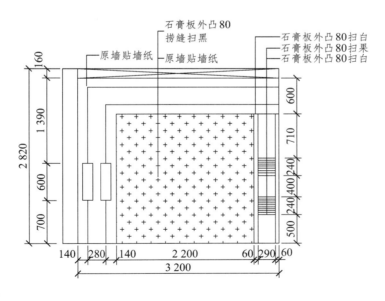

图 3-33　背景墙大样图

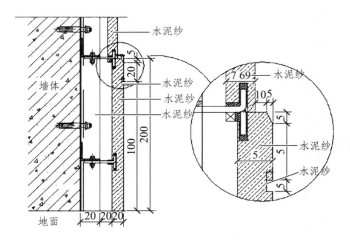

图 3-34　详图的识读

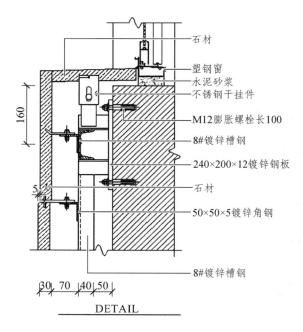

图 3-35　石材干挂下封窗台大样图

项目理论链接 12：常用木质装饰材料识别（见图 3-36）

（1）木质人造板。木质人造板是利用木材、木质纤维、木质碎料或其他植物纤维为原料，如胶黏剂和其他添加剂制成的板材。木质人造板主要的种类有单板、胶合板、细木工板、纤维板和刨花板。

（2）人造饰面板。人造饰面板包括装饰微薄木贴面板和大漆建筑装饰板等。装饰微薄木贴面板是一种新型高级装饰材料，它是利用珍贵树种如柚木、水曲柳、柳桉木等通过精密刨切成的微薄木片，以胶合板为基材，采用先进的胶黏剂和胶粘工艺制作而成。大漆建筑装饰板是我国特有的装饰板材之一，它是以我国独特的大漆涂于各种木材基层上面制成。

（3）拼装木地板。拼装木地板是用水曲柳、柞木、核桃木、柚木等优良木质经干燥处理后加工出的条状小木板。它们经拼装后可组成美观大方的图案。

（4）木线条。木线条是选用质硬、木质较细、耐磨、耐腐蚀、不劈、切面光加工性质良好、油漆上色性好、黏结性好、钉着力强的木植物，经干燥处理后，用机械加工和手工加工而成的线条。木线条包括天花线、天花角线。

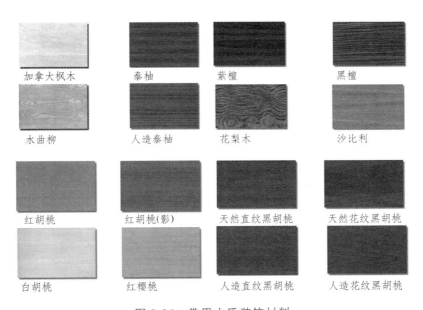

图 3-36　常用木质装饰材料

安装工程预（结）算表

工程名称：　　　　　　　　　　　　　　　　　　　　　　　　　　第9页 共9页

序号	编号	项目名称及规格	单位	数量	单位价值（元）未计价材料	基价	其中工资	总价（元）未计价材料	基价	其中工资
		第一章、土(石)方工程							704897.52	357528.78
1	A1-20	人工挖沟槽 三类土深度 6m内(基础浆)	100m3	6.62		1987.87	1987.87		13159.7	13159.7
2	A1-29	人工挖基坑 三类土深度 6m内	100m3	91.932		2188.09	2188.09		201155.49	201155.49
3	A1-110	反铲挖掘机挖土 深度 4m外 装车	1000m3	24.199		2138.27	141		51744	3412.06
4	A1-7换	人工挖土方三类土深度 6m内	100m3	26.887		3338.88	3338.88		89772.47	89772.47
5	A1-59	支木挡土板 密撑 木支撑	100m2	51.302		970.15	502.67		49770.64	25787.98
6	A1-182	原土打夯	100m2	78.869		63.86	50.53		5036.57	3985.25
7	A1-238	自卸汽车运土(载重6.5t) 运距 1km内	1000m3	34.346		7986.11	141		274290.93	4842.79
8	A1-181	回填土方 夯填	100m3	23.972		832.96	642.96		19967.2	15413.04
		第三章、砌筑工程							964903.47	196347.5
9	A3-1	砖基础(砖地模)	10m3	10.22		1729.71	301.74		17677.64	3083.78
10	A3-9换	混水砖墙 3/4砖 水泥混合砂浆M5(女儿墙)	10m3	11.248		1949.32	486.69		21925.95	5474.29
11	A3-73换	空心砖墙 190×190×90 1/2砖 水泥混合砂浆M5	10m3	96.2		1657.84	366.84		159484.21	35290.01
12	A3-74换	空心砖墙 190×190×90 1砖 水泥混合砂浆M5(内墙)	10m3	344.083		1578.67	308.79		543193.51	106249.39
13	A3-74换	空心砖墙 190×190×90 1砖 水泥混合砂浆M5(外墙)	10m3	94.78		1578.67	308.79		149626.34	29267.12
14	A3-41	砌体 钢筋加固	t	4.25		3721.92	584.21		15818.16	2482.89
15		隔断	m2	431.92						
16	A3-8换	混水砖墙 1/2砖 水泥混合砂浆M5(基础)	10m3	29.05		1968.25	499.14		57177.66	14500.02
		第四章、混凝土及钢筋混凝土工程							9061655.62	1274644.26
17	A4-Z32	砼基础垫层木模，木撑(独)	10m3	23.676		1958.84	352.65		46377.5	8349.34
18	A4-Z32	砼基础垫层木模，木撑(清)	10m3	42.565		1958.84	352.65		83378.02	15010.55
19	A4-Z32	砼基础垫层木模，木撑(基础浆)	10m3	10.596		1958.84	352.65		20755.2	3736.68
20	A4-18换	现浇独立基础 混凝土 c40 140/42.5	10m3	166.063		2508.93	267.2		416640.4	44372.03
21	A10-17	现浇独立基础 钢筋混凝土 九夹板模 木撑	100m2	14.916		1856.8	573.64		27696.02	8556.41
22	A4-447	现浇构件螺纹钢筋 Φ20以内	t	50.92		3411.89	185.42		173733.44	9441.59

图 3-37　工程结算表

（1）墙砖工程施工工艺及验收标准：

① 表面清洁，不得有划痕，色泽均匀，图案清晰，接缝均匀，板块无裂纹、缺棱掉角等现象；

② 墙砖粘贴时，平整度用 2 m 靠尺检查，平整度≤2 mm，相邻间缝隙宽度≤2 mm，平直度≤3 mm，接缝高低差≤1 mm；

③ 墙砖粘贴时必须牢固，无歪斜。空鼓控制在总数的 5%，单片空鼓面积不超过 10%；

④ 墙砖粘贴阴阳角必须用角尺检查呈 90°，砖粘贴阳角必须 45°碰角，碰角严密，缝隙贯通；

⑤ 墙砖切开关插座位置时，位置必须准确，保证开关面板装好后缝隙严密；

⑥ 墙砖的管道出口位掏孔处理，掏孔应严密；

⑦ 墙砖镶贴时，与门洞的交口应平整，缝隙顺直均匀。

（2）地砖施工工艺及验收标准：

① 表面洁净，纹理一致，无划痕、无色差、无裂纹、无污染、无缺棱掉角现象；

② 地砖边与墙交接处缝隙合适，踢脚线能完全将缝隙盖住；

③ 地砖平整度用 2 m 水平尺检查，误差不得超过 2 mm，相邻砖高差不得超过 1 mm；

④ 地砖粘贴时必须牢固，空鼓控制在总数的 5%，单片空鼓面积不超过 10%（主要通道上不得有空鼓）；

⑤ 地砖缝宽 1 mm，不得超过 2 mm，勾缝均匀、顺直；

⑥ 水平误差不超过 3 mm。

（3）油漆工程施工工艺及验收标准：

① 手感光滑，无颗粒感；

② 漆面饱和；

③ 光泽合适（清面漆清亮、透明度高）；

④ 无流坠、刷痕；

⑤ 对其他工种无污染；

⑥ 清漆基层无污染；

⑦ 混油基层平整、光滑、无挡手感；

⑧ 透底有色漆施工色彩、深浅均匀一致。

（4）乳胶漆施工工艺及验收标准：

① 无刷纹、流坠；

② 手感平整、光滑，无挡手感、无明显颗粒感；

③ 无掉粉、起皮、裂缝现象；

④ 无透底、反碱、咬色现象，色彩均匀一致；

⑤ 未污染其他工种（与木作、开关面板等的接口必须严密、平整，不得漏缝未刷及污染）；

⑥ 乳胶漆做线条饰面时，线条纹理应清楚、贯通。

四、项目典型错误纠正

（1）比例换算错误。

（2）尺寸标注错误。

五、项目实施和评价

项目评价表

项目编号	学生学习时间	学时	学生姓名		总分	
序号	评价内容及要求	评价标准	分值	评分	备注	
1	课堂练习作业情况	40				
2	课后练习作业情况	40				
3	拓展作业情况	10				
4	考勤	10				

六、项目作业

从图 3-38 至图 3-40 所示户型中任选一套进行设计，具体要求如下：

（1）户型特点分析。

（2）客户对象分析。

（3）风格不限。

（4）预算成本：8 万元人民币。

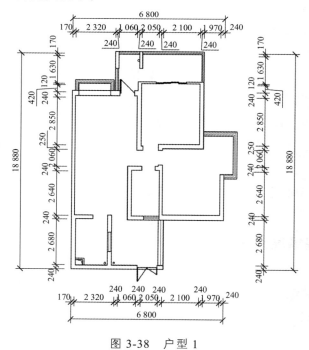

图 3-38　户型 1

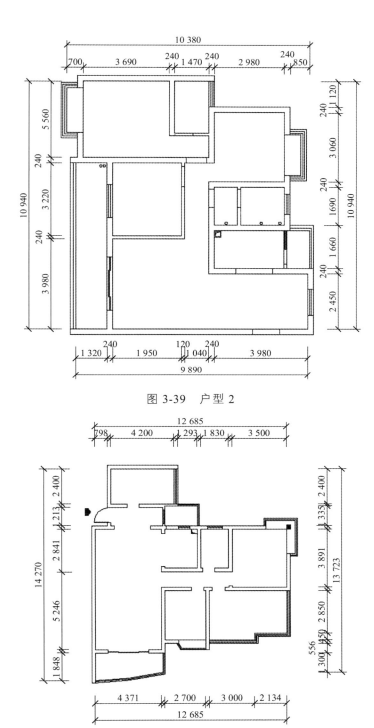

图 3-39 户型 2

图 3-40 户型 3

七、项目拓展

从图 3-41 至图 3-43 所示 3 套图纸中任选一套进行设计。

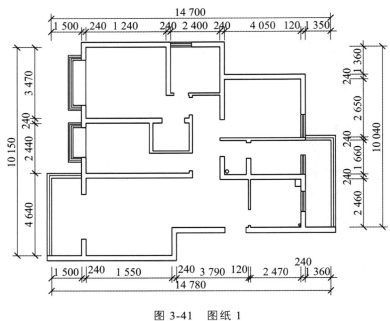

图 3-41　图纸 1

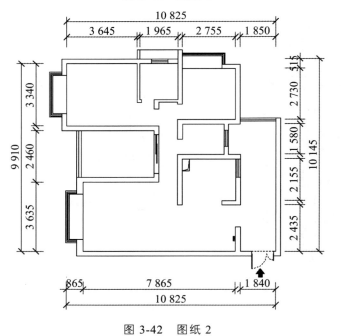

图 3-42　图纸 2

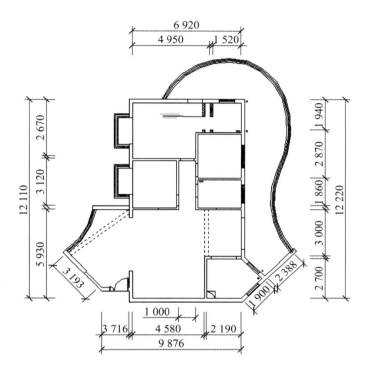

图 3-43　图纸 3

项目四　三室两厅单元制住宅设计

　　四十多岁的王某及妻子在贵阳做了十多年餐饮生意，近几年生意做得不错，新开了两家分店的同时又买了第二套商品房。为了方便老人休闲娱乐和女儿上更好的初中，现准备将上个月刚拿到钥匙的三室两厅两卫新房进行装修。新房位于贵阳市花果园，该房型南北朝向，建筑面积 130.5 m^2，使用面积 112 m^2，层高 2.9 m。整套房子的装修风格王某想用现代中式风格来做，预算在 15 万元左右，要求营造出一种温馨而又稳重的氛围。

一、项目要求

（一）户型情况介绍

　　单元制住宅一套（毛坯），地址：贵阳市南明区花果园一期××栋×单元×楼×号，房型：三室两厅一厨两卫，用途：住宅，建筑面积：130.5 m^2。

　　附原始户型图（见图 4-1）。

（二）具体要求

　　（1）时间要求：预计工期 60 天。

　　（2）质量要求：符合中国室内装饰工程质量规范。

　　（3）施工要求：文明施工、安全施工。

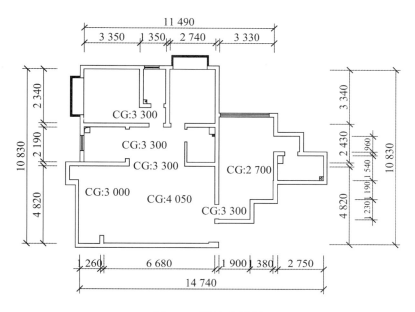

图 4-1　原始户型图

二、项目分析

（一）预算成本

15 万元人民币。

（二）设计要求

本户型是一个建筑面积为 130.5 m²，内部净空间 112 m²，净高度 2.9 m 的三室两厅两卫户型。包括一个客厅一个餐厅，三个卧室（主人房、老人房、儿童房），两个卫生间，一个厨房，一个阳台。该房主为一对中年夫妇及其父母还有一个小孩的三代之家。客户要求要能满足最基本的生活设施，设计风格朴素，使用空间利用率高。

1. 客户对象分析

本宅业主为中年夫妻，对生活空间较有个人见地，喜爱具有现代都市气息又不乏温馨与稳重的居室。所以设计师在进行整体空间布局时就要考虑以现代简约的休闲空间为主体构思，在对立面效果的把握上，从始至终要坚持统一而富有变化，装饰而不奢侈的手法。针对细节部分加以琢磨，把很简单的设计元素（线与面的结合、方块与色彩的变化）变成富有生机的装饰亮点。

2. 户型设计要点分析

（1）本户型空间面积相对三室两厅的户型来说比较适中，三面采光，空间划分合理，有大阳台设计。客户要求要在满足日常生活起居、会客、储藏、娱乐等多种生活需求的同时，又要使室内次序有致，布局独特，同时还能充分展示业主的个性特征。在软装饰的运用上，做到以人为本、整体协调，确保色彩的统一。为使整体简约空间保持稳重性，在地板与家居的色彩上加以衬托，使整个简约空间简而不泛、蕴而灵动。这些都需要我们深入研究、用心设计。

（2）在空间布局上，以餐厅为界限，西南和东北空间划分明确，西南方向以公共空间为主，东北方向则以私密空间为主，这也为水电线路的设计布局带来诸多方便。由于房源的南面相对自然采光较少，在设计时可以多使用颜色偏亮的设计方案，在材质选择上多采用具有通透性的玻璃材质，充分利用自然采光来扩充空间感，将空间变得明亮开阔。在配色上应采用明度较高的色系，最好以柔和亮丽的色彩为主调，避免造成视觉上的压迫感，从而使空间显得更为宽敞。

（3）在家具选择上，要注意风格统一。各空间的家具以协调为主，家具尺寸的选择要以符合人体工程学为原则。衣柜隔断等可选择现场制作，使其更符合相应空间的布局。造型设计上在符合使用功能的同时应充分满足业主自身要求。颜色选择上以色调统一为主，局部可以根据业主要求来搭配，最终达到实用性和审美性的功能统一。

从符合中年人的风格特点来讲我们在设计时可优先考虑以下四种：现代现代风格、中式风格、现代中式风格、简欧风格。

三、项目路径和步骤

（一）项目路径（见图 4-2）

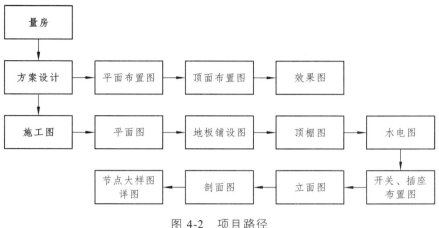

图 4-2　项目路径

（二）项目步骤

第一步：量房

进行实地测量，对房屋内各个房间的长、宽、高以及门、窗、暖气的位置进行逐一测量，因为房屋的现况是对报价有影响的。同时，量房过程也是和业主进行现场沟通的过程，设计师可根据实地情况提出一些合理化建议，进行沟通，为以后设计方案的完整性做出补充。

1. 工具/原料[卷尺、靠尺、相机、纸、笔（最好两种颜色）、粉笔（用于实地标注墙壁）]

（1）所有的测量都依靠卷尺，测量范围包括各个房间墙、地面的长宽高、墙体及梁的厚度、门窗高度及距墙高度等。所以一定带足够长的卷尺，一般要求在 5 m 以上。

（2）要有打印出来的平面户型图，这样更清晰。如果没有，就需要现场手绘。户型图最好多带一份，以防万一。

2. 方　法

（1）一般从入户门开始，转一圈量，最后回到入户门另一边。

（2）在用卷尺量出具体一个房间的长度、高度时，长度要紧贴地面测量，高度要紧贴墙体拐角处测量。

（3）所有的尺寸都分段，量了之后数据随时记录（如一面墙中间有窗户，先量墙角到窗户的距离，再量窗户的宽度，再量窗户到另一边墙角的距离）。

（4）窗户要把"离地高"以及"高度"标出来，飘窗还要记录其深度。

（5）柱子、门洞等的处理方式跟窗户一样，也用数据分开，这样平面图出来后就能知道具体位置。

（6）卫生间的测量要把马桶下水、地漏、面盆下水的位置在平面图中标注出来。马桶中心到墙的距离，这牵扯到买马桶的坑距问题；还有就是梁的位置。

（7）没有特殊情况，层高基本是一定的，找两个地方量一下层高取平均值就可以了。

（8）量完复印两份，以备不测。

（9）量房前记得索要房屋建筑水电图以及建筑结构图，还要了解房屋所在小区物业对房屋装修的具体规定。例如在水电改造方面的具体要求，房屋外立面可否拆改，阳台窗能否封闭等，以避免不必要的麻烦

第二步：方案设计

1. 绘制平面布置图（见图 4-3 至图 4-8）

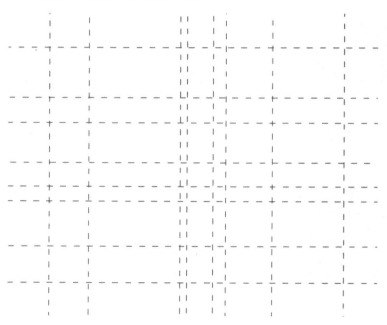

图 4-3　定位中轴线的绘制

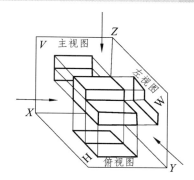

三视图的形成原理

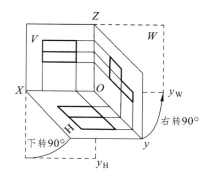

三视图的图像结果

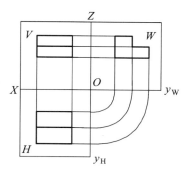

三视图展开结果

图 4-4　三视图的形成原理

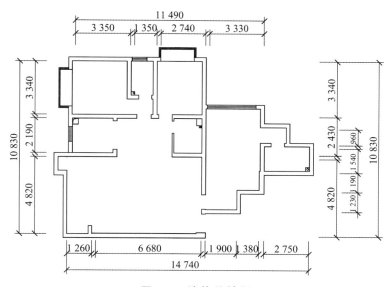

图 4-5　墙体的绘制

项目理论链接 2：定位轴线编号及标高符号认识（见图 4-6）

符号	说明	符号	说明
② / ② ① / ⓐ ① / ⓪ⓐ 附加轴线	在2号轴线之后附加的 第2根轴线 在A轴线之后附加的 第1根轴线 在A轴线之前附加的 第1根轴线	▽（数字）	楼地面平面图上的标高符号
① ｜ ③	详图中用于两根轴线	3 45° （数字）45°	立面图，剖面图上的 标高符号 （用于其他处的形状大小 与此相同）
		（数字） （数字）	用于左边标注

图 4-6　定位轴线编号及标高符号

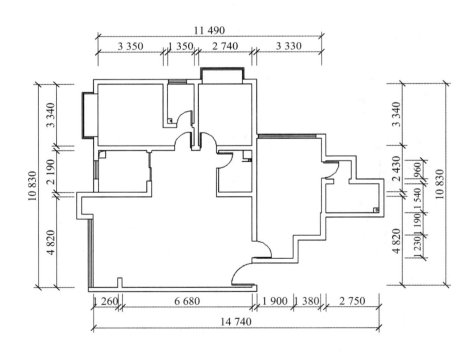

图 4-7　门窗的绘制

为使图样清晰，便于图样表达，工程图中对于样的名称、符号及用途均做出了规定。

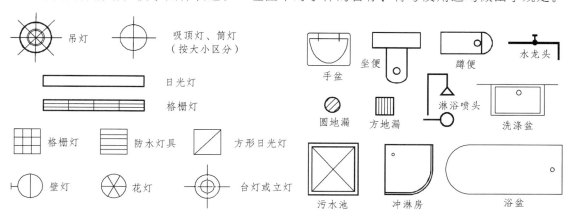

图 4-8　平面图中的常用图例

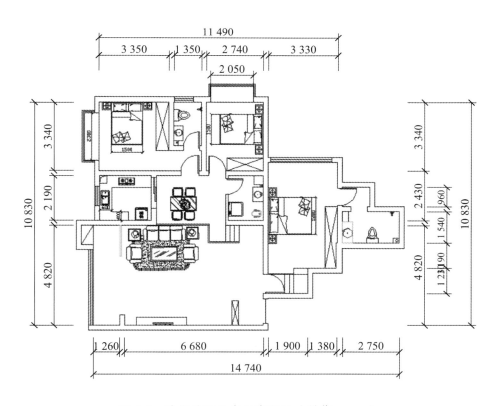

图 4-9　功能分区及家具布置图（单位：mm）

2. 绘制顶面布置图（见图 4-10、图 4-11）

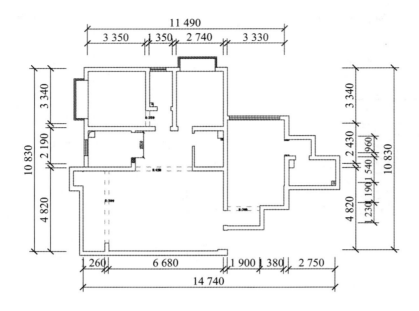

图 4-10　原始顶棚图的绘制（单位：mm）

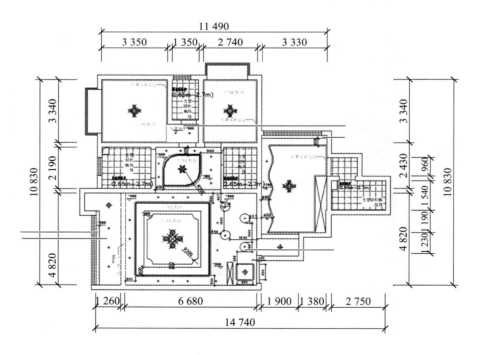

图 4-11　顶棚布置图的绘制（单位：mm）

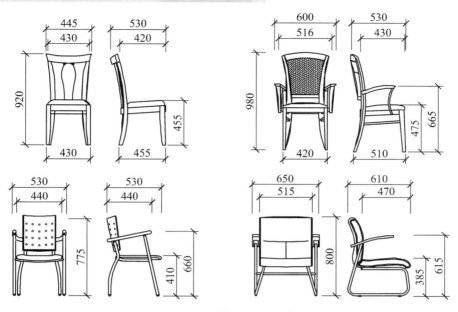

图 4-12　常用家具尺寸

项目理论链接 5：吊顶材料之轻钢龙骨

轻钢龙骨石膏板吊顶施工方案及工艺：

（1）材料构配件要求

① 轻钢骨架分 U 型骨架和 T 型骨架两种，并按荷载分上人和不上人。

② 轻钢骨架主件为大、中、小龙骨；配件有吊挂件，连接件，挂插件。

③ 零配件：有吊杆、花篮螺丝、射钉、自攻螺钉。

④ 按设计说明可选用各种罩面板、铝压逢条或塑料压缝条，其材料、品种、规格、质量应符合设计要求。

⑤ 黏结剂：应按主材性能选用，使用前作黏结试验。

（2）主要机具

主要机具包括：电锯、无齿锯、射钉枪、手锯、手刨子、钳子、螺丝刀、扳子、方尺、钢尺、钢水平尺等。

（3）作业条件

① 结构施工时，应先浇砼楼板或预制砼楼板缝，按设计要求间距，预埋 6～10 根钢筋

混吊杆。设计无要求时，按大龙骨的排列位置预埋钢筋吊杆，一般间距为 900～1 200 mm。

② 当吊顶房间的墙柱为砖砌体时，应在顶棚的标高位置沿着墙和柱的四周，预埋防腐木砖。沿墙间距 900～1 200 mm，柱两边应该埋设木砖两块以上。

③ 安装完顶棚内的各种管线及通风道，确定好灯位、通风口及各种楼明孔口位置。

④ 各种材料全部配备齐备。

⑤ 顶棚罩面板安装前应做完墙、地湿作业工程项目。

⑥ 搭好顶棚施工操作平台架子。

⑦ 轻钢骨架顶棚在大面积施工前，应做样板间，对顶棚的起拱度、灯槽、通风口的构造处理、分块及固定方法等应经试装，并经鉴定认可后方可大面积施工。

（4）操作流程

① 工艺流程:弹线—安装大龙骨吊杆—安装大龙骨—安装中龙骨—安装小龙骨—安装罩棉板—安装压条—刷防锈漆。

② 弹线：根据楼层标高线，用尺竖向量至顶棚设计标高，沿墙、柱四周弹顶棚标高，并沿顶棚的标高水平线，在墙上画好分档位置线。

③ 安装大龙骨吊杆:在弹好顶棚标高水平线及龙骨位置线后,确定吊杆下端头的标高,按大龙骨位置及挂件间距，将吊杆无螺栓丝扣的一端与楼板预埋钢筋连接固定。

④ 安装大龙骨。

• 配装好吊杆螺母；

• 在大龙骨上预先安装好吊挂件；

• 将组装吊挂件的大龙骨，按分档线位置将吊挂件穿入相应的吊杆螺母，拧好螺母；

• 装好连接件，拉线调整标高起拱和平直，将大龙骨相接；

• 安装洞口和附加大龙骨，按照图集相应节点构造设置连接卡；

• 固定边龙骨，采用射钉固定，设计无要求时射钉间距为 1 000 mm。

⑤ 安装中龙骨。

• 按照已经弹好的中龙骨分档线，卡放中龙骨吊挂件。

• 吊挂中龙骨：按设计规定的中龙骨间距，将中龙骨通过吊挂件吊挂在大龙骨上。设计无要求时，一般间距为 500～600 mm。

● 当中龙骨长度需要多根延续接长时，用中龙骨连接件，在吊挂中龙骨的同时相连，调直固定。

⑥ 安装小龙骨。

● 按已经弹好的小龙骨线为分档线，卡装小龙骨吊挂件。

● 吊挂小龙骨：按设计规定的小龙骨间距，将小龙骨通过吊挂件吊挂在中龙骨上。设计无要求时，一般间距在 500～600 mm。

● 当小龙骨长度需要多根延续接长时，用小龙骨连接件，在吊挂小龙骨的同时将相对端头相连接，并先调直后固定。

3．绘制效果图

（1）绘制主要空间效果图，确定装饰风格和色彩（见图 4-13、图 4-14）

图 4-13　客厅一点透视图　　　　　　图 4-14　卧室成角透视图

项目理论链接 6：一点透视网格作图法（见图 4-15）

（1）先确定内墙面 A、B、C、D 四点（高度设定为 3 m），每段刻度等长。

确定视平线高度（一般为 1.5 m～1.7 m），灭点偏左。由灭点 VP 作 A、B、C、D 各点的延长线。

作 C、D 线段的延长线，得到 a、b、c、d、e 各点，每段刻度与内墙刻度一致。

在视平线上确定 M 点（可根据画面任意定）。

（2）由灭点作内墙各刻度点的延长线，过测量点 M 作 a、b、c、d 各点的延长线与透视线相交，所得各点作垂直线与水平线。

（3）根据平面布置图画出家具的地面投影位置。

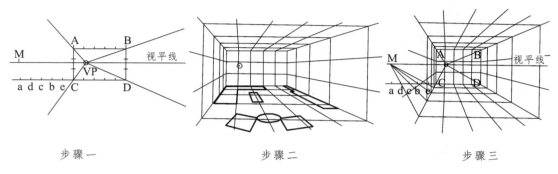

步骤一   步骤二   步骤三

图 4-15   点透视网格作图法

项目理论链接 7：成角透视网格作图法（见图 4-16）

（1）按比例画出高为 3 000 mm 的墙角线 AB，在 AB 上距离 1.6 m 处画出视平线 H.L，并任意确定灭点 VP1、VP2，画出上下墙线。以 V.P1-V.P2 为直径画半圆，交 AB 延长线于 E0。然后分别以 VP1、VP2 为圆心，各点到 E0 的距离为半径画圆，分别交 H.L 于 M1、M2。

（2）通过 B 点作平行线即基线 G.L，在基线上按比例分出房间的尺度网格 5 000×4 000，分别置于 AB 的左右两侧。从 M1、M2 引线各自交于左右两侧墙线，交点就是透视图的尺度网格点。通过这些点分别向左右灭点引线，即求得了该房间的透视网格，再在 AB 上量取真实高度便可作出室内两点透视图。

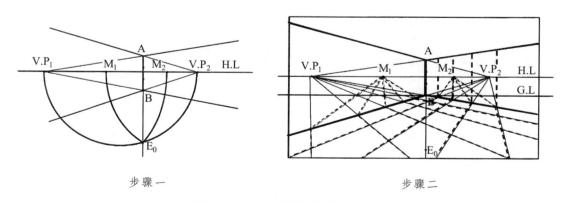

步骤一   步骤二

图 4-16   成角透视网格作图法

4. 施工图的绘制（图 4-17 至图 4-25）

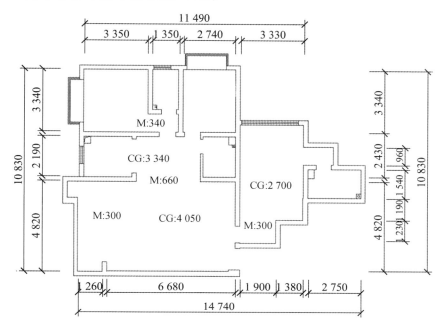

图 4-17　原始户型图

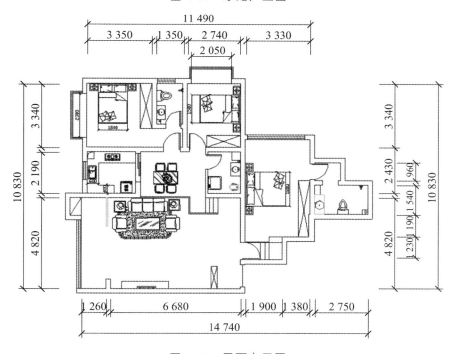

图 4-18　平面布置图

项目四　三室两厅单元制住宅设计

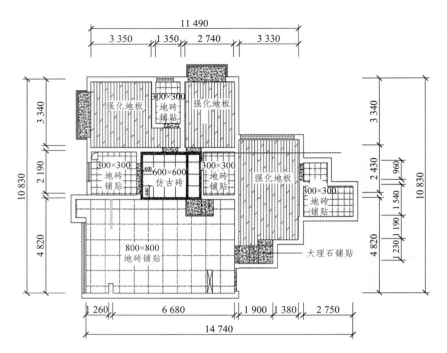

图 4-19　地板铺设图

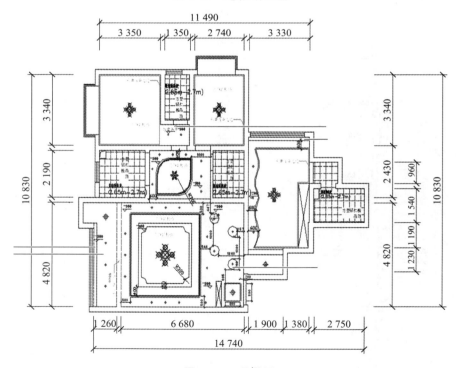

图 4-20　顶棚图

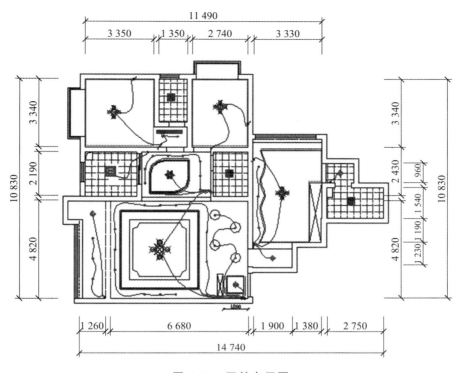

图 4-21　开关布置图

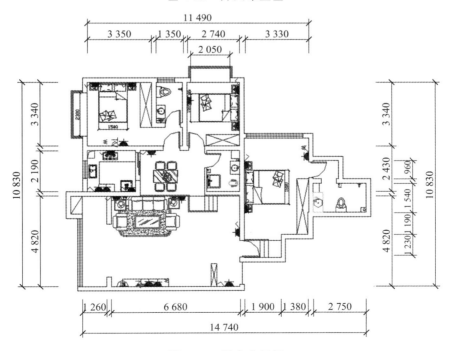

图 4-22　插座布置图

项目四　三室两厅单元制住宅设计

项目理论链接 8：顶棚图的显示内容（见图 4-23）

（1）在图中用相对于本层地面的标高，标注地台、踏步等的位置尺寸。

（2）顶棚面的距地标高及其叠级（凸出或凹进）造型的相关尺寸。

（3）墙面与顶棚面相交处的收边做法，墙面造型的样式及饰面的处理。

（4）门窗的位置、形式及墙面、顶棚面上的灯具及其他设备。

（5）固定家具、壁灯、挂画等在墙面中的位置、立面形式和主要尺寸。

（6）墙面装饰的长度及范围，以及相应的定位轴线符号、剖切符号等。

（7）建筑结构的主要轮廓及材料图例。

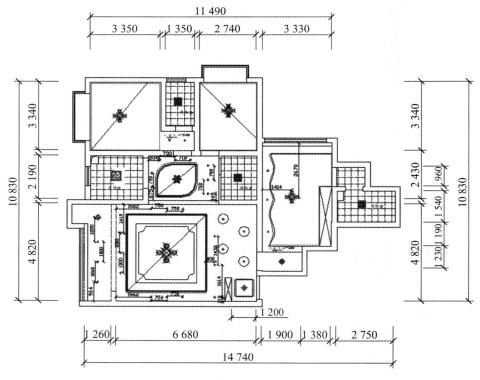

图 4-23　灯位布置图

项目理论链接 9：详图的作用（见图 4-24）

　　详图通常以剖面图或局部节点大样图来表达。剖面图是将装饰面整个剖切或局部剖切，以表达它内部构造和装饰面与建筑结构的相互关系的图样；节点大样是将在平面图、立面图和剖面图中未表达清楚的部分，以大比例绘制的图样。

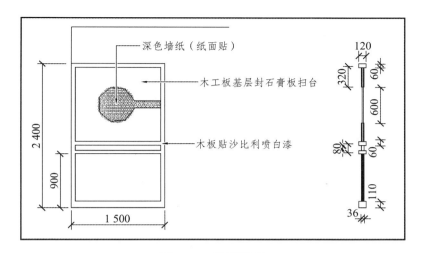

图 4-24　详图图样

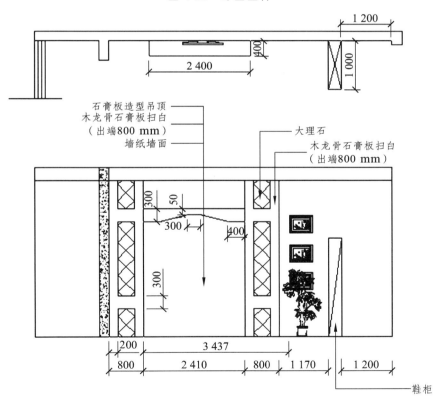

图 4-25　电视背景墙立面图

项目理论链接 10：详图的绘制步骤

（1）取适当比例，根据物体的尺寸绘制大体轮廓；

（2）考虑细节，将图中较重要的部分用粗、细线条加以区分；

（3）绘制材料符号；

（4）详细标注相关尺寸与文字说明，书写图名和比例。

项目理论链接 11：室内空间照度标准

场所或作业类别		照度标准值（lx）	照明灯具	白炽灯容量（W）
起居室	一般活动 看电视 书写 阅读	30～50～70 10～15～20 150～200～300	下射灯、吸顶灯、 壁灯	40～60（吊灯） 15（吊灯） 60～100（台灯）
卧室	一般活动 床头阅读 化妆	20～50 75～100～150 200～300～500	吸顶灯、壁灯、 台灯	60（吊灯） 100～150（台灯）
书房	书写 阅读	150～200～300	吸顶灯、台灯	100～150（台灯）
儿童房	一般活动 书写 阅读	30～50 150～200～300	壁灯、台灯	60（吊灯）
餐室	一般活动 餐桌面	30～50～75 50～70～100	白炽灯	40～60（吊灯） 60～100（吊灯）
厨房		50～70～100	下射灯、吸顶灯	60～100（吸顶灯）
卫生间	一般卫生间 洗澡 化妆	20～50 50～100～150	吸顶灯、防水式	25（吸顶灯） 40～60（壁灯）
楼梯间及走廊		15～30	下射灯、吸顶灯	25（吸顶灯）

项目理论链接 12：人造光的照明种类认识（见图 4-26）

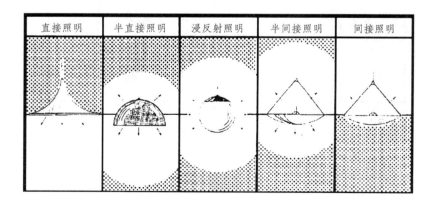

| 直接照明 | 半直接照明 | 浸反射照明 | 半间接照明 | 间接照明 |

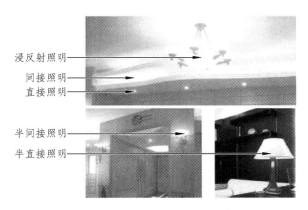

图 4-26 人造光的照明分类

项目理论链接 13：色彩心理学在室内设计中的运用

色相	色彩表现	生理反应	心理感受	色彩象征
红	血与火	肌肉机能加强、血液循环加快	热烈、兴奋、冲动	喜庆、生命、活力、雄壮、成熟
橙	柑橘、稻谷	脉搏跳动加速、温度升高	炽热、兴奋、好战、温暖	丰硕的果实、富足、甜美、欢乐、幸福
黄	阳光、柠檬	平静、祥和	心情舒畅、充满希望、骄傲	照亮黑暗的智慧之光、知识、信念
绿	森林、草原、大自然之色	宁静、松弛	年轻、活力、充实、大度	和平、希望、理想、永久
蓝	宇宙、海洋、大气	脉搏跳动减缓、情绪沉静、稳定	严肃、认真、平静	理智和创造力、收缩内向、信仰、不朽
紫	葡萄、紫罗兰花	放松、柔和、压迫感	神秘、浪漫、孤独	虔诚、高雅、温柔不幸
白	白云、大雪	轻盈感	纯洁、天真、朴素	神圣、尊严、哀悼、蕴藏无形的力量
黑	乌漆、黑夜	压迫感	神秘、冷漠、令人生畏	权威、尊严、哀悼、蕴藏无形的力量
灰	阴天	安稳、柔和	平凡、稳定、中庸	冷静、含蓄、被动、阴郁

项目理论链接 14：如何利用色彩改变空间感受

（1）冷色、浅色、轻快而不鲜明的色彩可以扩大空间尺度感，减小色彩对比也有同样作用。

（2）强烈的色彩、暖色、深色或艳丽的色彩与其他色对比可以缩小空间尺度，也可以通过增加色彩对比来做到这一点。

（3）为了使狭长的走廊缩短变宽，走廊尽头的墙面宜用暖色或深色；为了使短浅的房间变长，尽端墙面应采用冷色或浅色、灰色调或者减少色彩对比。

（4）为暗房间配色，可选用饱和的暖色、奶黄色、杏黄色、鲜亮的浅蓝色。

（5）深颜色吸光，加一些暗绿或暗红，可创造出空间的私密感，也会增添性格。

（6）使各界面——顶、地、墙面都成一色，房间会显得大些；如果无法施以同色，应尽量减小界面之间的色差，形成一致，效果也会不错。

（7）如果室内有某些碍眼的物体，可以施以环境色把它掩藏到背景中去。

（8）为多房间的大空间配色，可给不同房间以不同色彩，以减少空旷感。但要注意房间的接洽处，因为那里是不同色彩接洽之处，要协调好不同色彩、材质、图案之间的配合。

（9）为小空间组合配色，应以同一色作为背景统一基调，利用不同的材质、图案来做变化。

（10）大型家具过多时，空间会显得凌乱，如果将它们涂成背景色或拿背景色的织物去覆盖，就会使空间显得井然有序。

（11）对于空空荡荡、缺少家具的空间，要刷上深暖色，使房间富于装饰感。

四、项目典型错误纠正

（1）比例换算错误。
（2）尺寸标注错误。

五、项目实施和评价

项目评价表

项目编号	学生学习时间	学时	学生姓名		总分	
序号	评价内容及要求	评价标准	分值	评分	备注	
1	课堂练习作业情况	40				
2	课后练习作业情况	40				
3	拓展作业情况	10				
4	考勤	10				

六、项目作业

从图 4-27、图 4-28 所示户型中任选一套进行设计，具体要求：

（1）户型特点分析。

（2）客户对象分析。

（3）风格不限。

（4）预算成本：8 万元人民币。

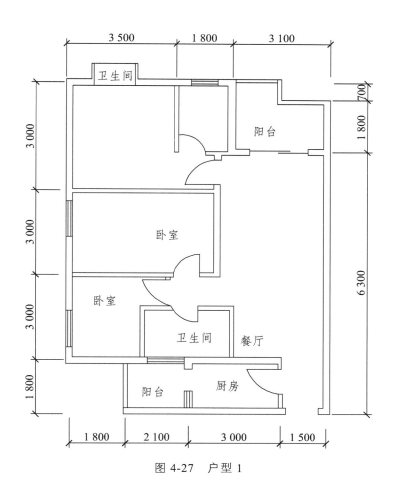

图 4-27　户型 1

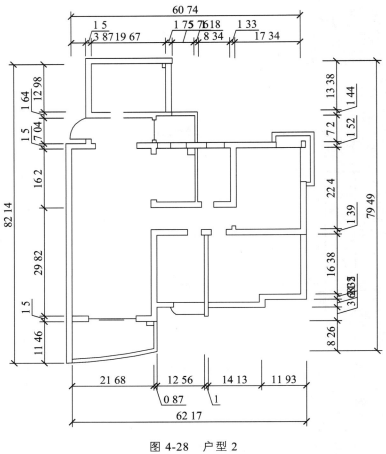

图 4-28　户型 2

七、项目拓展

从图 4-29 至图 4-31 所示 3 套图纸中任选一套进行设计。

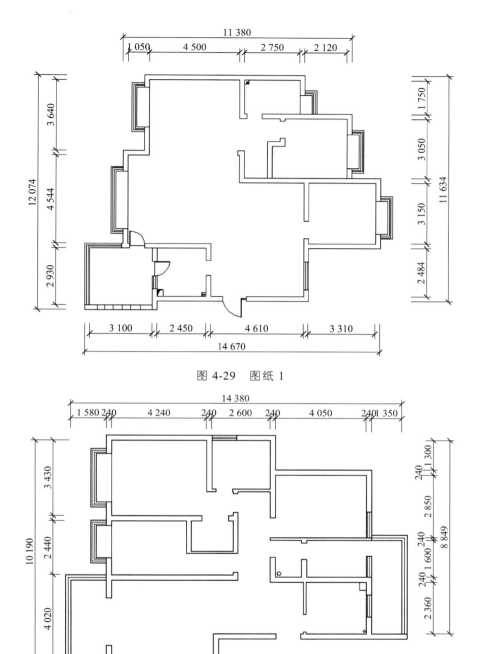

图 4-29　图纸 1

图 4-30　图纸 2

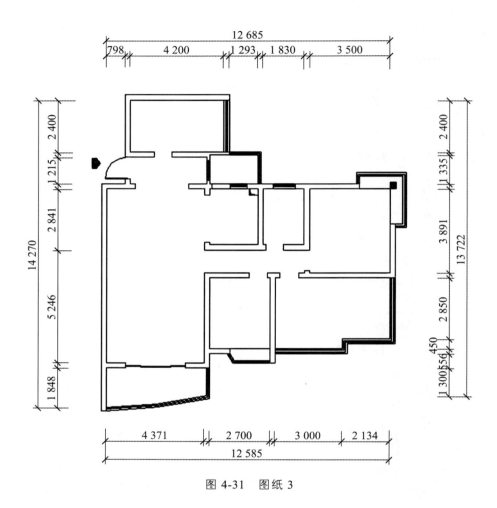

图 4-31　图纸 3

室内家装设计实践教程